Vernetze Mitarbeiter, stifte Sinn

Martin A. Schoiswohl

Vernetze Mitarbeiter, stifte Sinn

Employee Relationship Management am Beispiel eines Hidden Champions

 Springer Gabler

Martin A. Schoiswohl
Bad Aussee, Österreich

ISBN 978-3-658-06333-7   ISBN 978-3-658-06334-4 (eBook)
DOI 10.1007/978-3-658-06334-4

Die Deutsche Nationalbibliothek verzeichnet diese Publikation in der Deutschen Nationalbibliografie; detaillierte bibliografische Daten sind im Internet über http://dnb.d-nb.de abrufbar.

Springer Gabler
© Springer Fachmedien Wiesbaden 2016

Lektorat: Manuela Eckstein

Gedruckt auf säurefreiem und chlorfrei gebleichtem Papier.

Springer Gabler ist Teil von Springer Nature
Die eingetragene Gesellschaft ist Springer Fachmedien Wiesbaden GmbH
(www.springer.com)

Für Astrid

Danke

Andreas Fill für die jahrzehntelange professionelle Zusammenarbeit und für seine Freundschaft.

Christoph Steindl für die tolle IT-Lösung.

Helmut Wagner und Wolfgang Vilsecker von FILL für die vielen guten Ideen und die Projektmitarbeit.

Michaela Keim für das exzellente Projektmanagement zum CORE Prinzip.

Victoria Waldhuber für die engagierte wissenschaftliche und redaktionelle Mitarbeit und Quellensicherung beim Buch.

Manuela Eckstein vom Springer Gabler Verlag für ihre Geduld, das professionelle Lektorat und die spontane Bereitschaft, das Buch zu verlegen.

Der Autor

Martin A. Schoiswohl, Jahrgang 1961, bezeichnet sich selbst als „Facharbeiter" für Kommunikation, Organisationsentwicklung und Wertewissenschaft. 1987 promovierte er zum Thema „Interne Öffentlichkeitsarbeit bei Kreditinstituten" an der Universität Salzburg. Er war Journalist, Kommunikationsmanager und ist seit 1992 selbstständiger Unternehmer. Er berät Klein- und Mittelbetriebe sowie internationale Markenkonzerne in der Entwicklung ihrer Marken- bzw. Unternehmensphilosophie, -politik, -strategie und -taktik. Und er unterstützt in der praktischen Umsetzung – sprich Zielerreichung. Sein mitarbeiterorientierter Fokus begleitet ihn seit 1984. Er gilt heute als Experte für Employer Branding und Employee Relationship Management (ERM). Mit dem CORE Prinzip hat Schoiswohl in den letzten Jahren den Standard für ERM geschaffen. Er lebt heute in Österreich und Italien, ist verheiratet und hat drei erwachsene Kinder.

Vorwort

42 Prozent der deutschen mittelständischen Unternehmen (zwischen 30 und 2000 Mitarbeiter) geben den Fachkräftemangel als ihre drängendste aktuelle Sorge an. Damit nahm 2014 der Fachkräftemangel nach den hohen Energiepreisen den zweiten Platz im Ranking ein. Rund ein Drittel aller Unternehmen weltweit klagt über Probleme bei der Gewinnung von qualifizierten Mitarbeitern. Wie schnell sich das Energiepreisthema tagesaktuell ändern kann, ist hinlänglich bekannt. Der Mangel an qualifizierten Arbeitskräften hingegen ist ein Generationenproblem.

Mittlerweile wirkt sich der Fachkräfteengpass massiv auf die wirtschaftliche Prosperität von Unternehmen aus. Betroffen sind alle Branchen und Berufsbilder. Die technisch ausgebildete Fachkraft – die schon seit Jahren als seltene Spezies gilt – ist heute in bester Gesellschaft mit Vertriebsexperten, Bürokräften, Gastronomiemitarbeitern in Service und Küche, Berufskraftfahrern, IT-Profis, Finanzexperten oder Managern und sonstigen Executives. Kurz: Qualifizierte Mitarbeiter mit engagierter Arbeitsmoral fehlen in allen Branchen und auf allen Ebenen. Umgekehrt nutzen die Arbeitsuchenden ihre Chance und steigern die Ansprüche.

Ich selbst beschäftige mich seit Mitte der 1980er-Jahre mit der Thematik. Neben dem qualitativen Engpass

„Mensch" hat auch eine neue Begrifflichkeit für Popularität des Themas gesorgt: Im neuen Jahrtausend hat sich „Employer Branding" als Erfolgsfaktor im modernen Management etabliert. Plötzlich wollen alle etwas, was als interne Öffentlichkeitsarbeit oder internal Public Relations kombiniert mit richtig verstandenem Human Resources Management eher ein Nischendasein in vielen Unternehmen fristete. Branding funktioniert beim Kunden, somit muss Employer Branding auch seine Richtigkeit haben. Nomen est omen.

Stimmt grundsätzlich. Nur ist man beim Thema Arbeit als Arbeitgeber noch vergleichbarer als bei Produkten und Dienstleistungen. Wo liegt hier das Alleinstellungsmerkmal? Employee Relationship Management als IT-gestützte Aufbauarbeit und Pflege einer Arbeitgebermarke ist möglicher Schlüssel zum Erfolg.

Kurz: Es tobt tatsächlich der Kampf um Talente. Qualifizierte Mitarbeiter sind Mangelware. Dieser Sachverhalt wird auch in den nächsten Jahrzehnten den Arbeitsmarkt bestimmen und rückt die Notwendigkeit einer Arbeitgebermarke immer deutlicher ins Bewusstsein. Employer Branding als kontinuierliche Managementaufgabe ist die Herausforderung der kommenden Jahre. Daraus ergibt sich eine klare Frage: Wie funktioniert das in der Praxis?

Wie bei ERP (Enterprise Resource Planning) oder CRM (Customer Relationship Management) hilft auch hier die Nutzung von Informationstechnologie sprich Software. Und schon sprechen wir von Employee Relationship Management. Im Zeitalter von Industrie 4.0 ist ERM das Gebot der Stunde. Vernetzung löst Automation ab. Die Schnittstellen zwischen Maschinen und zwischen Mensch und Maschine müssen überwunden werden. Technik ist nicht Barriere, sondern Brückenbauer – eben auch im Beziehungsmanagement.

Wie man als Arbeitgeber den Wettbewerb um Mitarbeiter gewinnen kann, zeigt dieses Buch nicht nur in der Theorie, sondern vor allem in der Praxis. Als richtungsweisend und in der Umsetzung bewährt hat sich das CORE Prinzip, das Sie hier kennen lernen werden.

Ein österreichisches Maschinenbauunternehmen ist Paradebeispiel in der Umsetzung. Es verfolgt seit dem Jahr 2000 das CORE Prinzip und ist seither um rund 400 Prozent in der Mitarbeiterzahl gewachsen. International erfolgreich, gilt es als einer der besten Arbeitgeber in der österreichischen Industrie und hat keine Probleme, Mitarbeiter zu finden und zu binden, ganz im Gegenteil. Als Experte für Mitarbeiterbeziehungsmanagement darf ich das Unternehmen seit 1998 begleiten. Gemeinsam mit dem Firmenchef Andreas Fill konnte ich das CORE Prinzip, das heute Basis für eine hoch professionelle moderne ERM-Lösung ist, entwickeln. In den letzten 15 Jahren wurde immer wieder statistisch evaluiert und mit entsprechender qualitativer Meinungsforschung auch die Auswirkung auf Mitarbeiter und Kunden valide gemessen. Mit freundlicher Genehmigung von Andreas Fill können wir auf alle Daten und auch seinen Erfahrungsbericht seit dem Jahr 2000 zurückgreifen und so mit FILL Maschinenbau ein wahres Musterbeispiel für modernes Employee Relationship Management vor den Vorhang holen.

- ERM nach dem CORE Prinzip verknüpft Kultur und Struktur. Wie das geht, beschreibt dieses Buch.

- ERM nach dem CORE Prinzip ist der Ansatz für ein neues zukunftsorientiertes Berufsbild. Damit ist das Buch ein Kompetenzguide für angehende ERM-Manager.
- ERM nach dem CORE Prinzip hilft High Potentials bei der Entscheidung für attraktive Arbeitgeber. Dieses Buch ist Entscheidungshilfe für Fachkräfte bei der Auswahl von wirklich attraktiven Arbeitgebern.

Ihnen wünsche ich viel Freude beim Lesen, die richtige Nase bei der Jobsuche bzw. viele gute Ideen beim Finden, Binden und Entwickeln von Mitarbeitern.[1]

Bad Aussee, im Mai 2016   Martin A. Schoiswohl

---

[1] Genderhinweis: Wir legen großen Wert auf geschlechtliche Gleichberechtigung. Zum Zweck der Lesbarkeit der Texte wird bei Bedarf nur eine Geschlechtsform gewählt. Dies impliziert keine Benachteiligung des jeweils anderen Geschlechts.

Inhaltsverzeichnis

1

Gute Mitarbeiter sind Mangelware

1.1 Der Krieg um Talente tobt

Die positive Nachricht: Die Ressource Mensch ist zentraler Faktor für den Erfolg von Arbeitgebern. Die negative Nachricht: Gute Mitarbeiter sind Mangelware. 42 Prozent der deutschen mittelständischen Unternehmen (zwischen 30 und 2000 Mitarbeiter) geben den Fachkräftemangel als ihre drängendste aktuelle Sorge an. Damit nahm 2014 der Fachkräftemangel nach den hohen Energiepreisen den zweiten Platz im Ranking ein (Ernst und Young 2014, S. 12). Energiepreise können sich im Gegensatz zum Arbeitskräfteangebot kurzfristig ändern, doch um die besten Köpfe ist ein wahrer Krieg ausgebrochen, wovon Mitarbeiter profitieren. Unternehmen kümmern sich zunehmend um ihre Reputation als Arbeitgeber. Sie buhlen nicht länger nur um die Gunst von Kunden, sondern haben Mitarbeiter als das Subjekt der Begierde entdeckt. Employer Branding wurde zum geflügelten Wort. Personalmanager gewinnen an unternehmensstrategischer Bedeutung. Das Beziehungsmanagement zu Mitarbeitern wird zur zentralen Querschnittsaufgabe für die Unternehmensführung. Für eine attraktive Arbeitgebermarke sind Markenaufbau und -pflege mit IT-Unterstützung nicht länger nur Kür, sondern Pflicht. Darum geht es

© Springer Fachmedien Wiesbaden 2016
M. A. Schoiswohl, *Vernetze Mitarbeiter, stifte Sinn*,
DOI 10.1007/978-3-658-06334-4_1

im modernen Employee Relationship Management (ERM). Diese Symbiose von Struktur und Kultur ist die Herausforderung für das moderne Management.

Der demografische und soziologische Wandel führt zu einer Verknappung der Ressource Talent. Unternehmen sind immer mehr auf qualifizierte, flexible und motivierte Mitarbeiter angewiesen. Der Aufwand, effizientes und erfolgreiches Recruiting von Mitarbeitern zu betreiben, ist teilweise gleich hoch wie die Akquisition von Neukunden. Die Arbeitgeber von heute müssen ihren Mitarbeitern mehr bieten als nur einen Arbeitsplatz und Geld.

Gibt es zu wenige Menschen? Nein, heißt hier die eindeutige Antwort. Mengenmäßig gibt es von unserer Spezies mehr als genug. Wie fast überall im Leben zählt auch hier die Qualität. Und daran mangelt es. Die Arbeitgeber spüren das schmerzlich – und kämpfen darum. Proaktives Employee Relationship Management (ERM) ist das Gebot der Stunde.

- 42 Prozent der deutschen Unternehmen mit Personalbedarf können offene Stellen zwei Monate oder länger nicht besetzen. Es verwundert nicht, dass dem Thema Fachkräftemangel in Unternehmen immer mehr an Bedeutung beigemessen wird, wenn man – wie mehr als ein Drittel der Unternehmer – erkennt, dass der Mangel an Fachkräften ein nicht zu unterschätzendes Risiko für die Geschäftsentwicklung darstellt. (DIHK 2014, S. 7 f.).
- Fast drei Viertel der deutschen mittelständischen Unternehmen haben Schwierigkeiten bei der Mitarbeiterfindung, zwei Drittel dieser Unternehmen müssen zur

Kenntnis nehmen, dass derzeit offene Stellen gar nicht besetzt werden können.

- Der Fachkräftemangel führt zu weniger Umsatz. Wir sprechen hier von jährlich 31 Milliarden Euro Verlust (Ernst und Young 2014, S. 17–23).

Warum führt der Fachkräftemangel zu weniger Umsatz? Produktionsabläufe, Produktionsprozesse, Dienstleistungen leben vor allem von ihrer eigenen Qualität und die wiederum ist vom Produzierenden, vom Leistenden direkt abhängig. Qualifizierte Fachkräfte produzieren und leisten schneller, besser und innovativer. Gelernt ist eben gelernt. Wenn Unternehmen in Produktion und/oder Dienstleistung nachlassen, können sie sich am Markt nicht mehr durchsetzen, ihre Wettbewerbsfähigkeit schwindet (Institut der deutschen Wirtschaft 2014, S. 4). Trifft dies mehrere Unternehmen, kann das schnell eine gesamte Volkswirtschaft negativ beeinflussen. Und darüber hinaus die individuellen Unternehmensziele. Für ein geschwächtes Unternehmen rücken das Ziel des wirtschaftlichen Wachstums in die Ferne und das eigene Überleben in den Fokus. Dies wiederum schmälert die Attraktivität des Unternehmens als Arbeitgeber vor allem für die so heiß begehrten qualifizierten Fachkräfte.

Warum die Bewerbungen zumindest ausreichend qualifizierter Jobanwärter ausbleiben, lässt sich ansatzweise erklären. Ein Hauptgrund für diese Veränderung des Arbeitsmarktes ist etwa seine eigene zunehmende Transparenz. Nie zuvor war es für Arbeitssuchende und -nehmende „so einfach, Einblicke in die Art und Weise zu erhalten, wie es bei unterschiedlichen Arbeitgebern zugeht" (Trost 2012, S. 10).

Nicht nur besteht die Möglichkeit, sich via Internet mit An-
gestellten und Arbeitenden eines Unternehmens in direktem Kontakt auszutauschen – auch wenn man diese kaum
kennt –, sondern auch Arbeitgeberplattformen im World
Wide Web stellen die gewünschten Informationen bereit.
Eine dieser Plattformen – im deutschsprachigen Raum die
wichtigste – ist Kununu (www.kununu.at). Sie funktioniert
ebenso wie HolidayCheck für Hotels oder yelp für Gastro-
nomiebetriebe: Arbeitnehmer bewerten anhand verschiedener Kriterien die Qualität der Arbeitsplätze (Trost 2012,
S. 10). Dies kann sich im Zweifelsfall nicht nur positiv auf
ein Unternehmen auswirken. Bewerten und Kommentieren
ist bei Kununu allen Usern erlaubt, die auf dieser Plattform ein – meist anonymes – Profil angelegt haben. Der
Wahrheitsgehalt jener Bewertungen ist daher oft zu hinter-
fragen, vor allem, da unzufriedene Arbeitnehmer eher dazu
neigen, sich in derlei Plattformen oder Foren Luft zu machen als jene, die an ihrem Job im Grunde nichts auszu-
setzen haben. Durchwegs positive Bewertungen hingegen
können von Arbeitgebern, die nach qualifizierten Fachkräften suchen, selbst verfasst sein.
    Eine weitere Veränderung des Arbeitsmarktes ist die
Verschiebung individueller Werte bei (potenziellen) Arbeitnehmern. Waren es bei der Arbeitnehmergeneration, die
in naher Zukunft in den Ruhestand treten wird, noch ver-
hältnismäßig simple Faktoren wie ein angemessenes Gehalt
und ein auf Basis von Gehorsam, Disziplin und Fleiß si-
cherer Arbeitsplatz, die ein Unternehmen als Arbeitgeber
attraktiv machten, sind eben jene Faktoren für eine jüngere,
kreativere und flexiblere Zielgruppe nicht mehr genug. Es
besteht hier die starke Tendenz zu einer immer offeneren

und direkteren Kommunikation zwisch
und Arbeitgebern, aber auch zwische
schiedenster Branchen. Gerade auf (
Zugang zur jüngeren Zielgruppe müsseɪ
in Zukunft konzentrieren, um die Gefahr des uɪ
Fachkräftemangels abzuwenden (Trost 2012, S. 15).

Zu erwähnen ist außerdem eine jahrzehntelange Bildungspolitik, die am Bedarf der Wirtschaft vorbeiproduziert hat, gepaart mit dem Knick in der Bevölkerungspyramide. Besonders in ländlichen Regionen tun sich Firmen zusätzlich schwer mit der Mitarbeitergewinnung. Darüber hinaus wurden die berufliche Ausbildung diskreditiert, die Reifeprüfung verherrlicht und ganze Branchen, wie zum Beispiel der Tourismus, verunglimpft. Statt in technische Fachberufe strebten die jungen Menschen in „attraktive" Dienstleistungsberufe. Von welcher Seite aus man es auch betrachtet: Es gibt rundum zu wenige qualifizierte Menschen für zu viele Jobs.

Proaktives Finden und Binden von fachlich qualifizierten Mitarbeitern wird nun von Unternehmen zu einem der Hauptziele erklärt. Das eigene Unternehmen als Arbeitgeber so attraktiv wie möglich zu machen und konsequenterweise zu erforschen, was diese Attraktivität im Grunde ausmacht, sind die Herausforderungen, denen sich Unternehmen im heutigen Arbeitsmarkt stellen müssen. Diese Botschaft ist allerdings noch nicht überall angekommen. Fragt man Personalchefs, werden folgende drei Gründe für den Mangel an Fachkräften am häufigsten genannt: der Mangel an technischen Fähigkeiten, das Ausbleiben der Bewerber und die fehlende Erfahrung. Nur ein Prozent der befragten Personaler zieht ein schlechtes Image des Unnehmens als möglichen Grund in Betracht (Manpower Group 2014, S. 3).

Employer Branding mit dem damit verbundenen Aufbau und der Pflege der Arbeitgebermarke hat ein Ziel: Wenn (potenzielle) Mitarbeiter an einen (neuen) Arbeitsplatz denken, dann sollen sie an „mein" Unternehmen denken. Um die kontinuierliche Bindung an das Unternehmen kümmert sich das Employee Relationship Management. Employer Branding, Human Resources Management, interne Kommunikation, Corporate Social Responsibility oder auch einfach Personal- und Organisationsentwicklung sind Bereiche bzw. Instrumente, die diese Mitarbeiterbeziehungspflege formen. Erfolgreiche Unternehmen überlassen die Mitarbeitergewinnung nicht mehr dem Zufall, sondern gehen strategisch geplant vor. Diese sind in der Regel auch die besseren Arbeitgeber.

Unabhängig davon, was wie genannt wird oder wer was leistet, die Erhöhung der Arbeitgeberattraktivität soll dazu beitragen, dass

- zielgerichtet talentierte und motivierte Mitarbeiter gewonnen werden,
- Mitarbeiter stärker an das Unternehmen gebunden werden,
- die Unternehmenskultur verbessert wird,
- die Qualität der Leistungen des Unternehmens forciert wird,
- die Marke des Unternehmens an sich gestärkt wird.

Der Charme an der Geschichte: Was dem Unternehmen gut tut, gefällt auch den Mitarbeitern. Ein Großteil der Aktivitäten befriedigt das Bedürfnis nach Information, einige andere das nach Kommunikation und Führung. Alle Faktoren können motivieren: Regelmäßige Erhebungen zum Arbeitsklima evaluieren die Atmosphäre. Andere Programme bieten gesundheitsorientierte Angebote. Vom intelligenten Gebäudeplan über den Mitarbeiterblog bis zur Zieleverwaltung (Scorecards), hin zu einer entsprechenden Dokumentation der Aufbau- und Ablauforganisation, einem umfangreichen Schulungsmanagement, internem Merchandising, Wissensmanagement, Ideenmanagement oder internen Social-Communication-Plattformen im Intranet reichen die Aktivitäten.

Für den Arbeitgeber bedeutet dies zusätzlich auch Arbeit an seiner Philosophie. Bilden die Core Values, die Schlüsselwerte seiner Marke, auch die Bedürfnisse der Arbeitgeber-Arbeitnehmer-Beziehung ab? Schafft man ausreichend Aktivitäten, die Mitarbeiter verbinden und zeitgleich Sinn stiften? Nur dann kommen und bleiben die Menschen.

Für den Arbeitssuchenden bietet diese Entwicklung einen großen Vorteil. Bemühen sich Unternehmen tatkräftig um eine aktive Beziehungspflege zu Mitarbeitern, kümmern sie sich um ihre Marke als Arbeitgeber, kommunizieren sie dies üblicherweise auch gerne nach außen. Dadurch fällt die Entscheidung für einen Arbeitsplatz leichter. Potenzielle Mitarbeiter wissen besser, wo es genügend Honig gibt und wie dieser schmeckt. Da macht es auch Sinn, langfristig zu bleiben.

Nur Unternehmen, die all dies erkennen und entsprechend handeln, werden künftig ausreichend Mitarbeiter finden und binden können.

1.2 Mitarbeiter sind Kunden für das „Produkt" Arbeitsplatz

Employee Relationship Management ist gelebte Marketing-kommunikation für Mitarbeiter. Sie sind die Kunden für das Produkt Arbeitsplatz und werden von viel mehr Mitbewerbern als beim ureigensten Angebot der Unternehmen umworben. Für Unternehmen geht es nicht mehr darum, Mitarbeiter zu rekrutieren, sondern Kunden zu gewinnen und diese zu Stammkunden – sprich langjährigen Mitarbeitern – zu machen. Angebot und Nachfrage bestimmen auch hier den Markt. Der Markt sei verrückt geworden, berichtete mir eine Personalmanagerin einer mittelständischen österreichischen Bank bei meiner Sommerakademie „War for Talents" vom Netzwerk für Humanressourcen 2011 in Oberösterreich. Früher hätte sich ein Bewerber einfach nur über eine Jobzusage gefreut. Heute müsse man vorsichtig fragen: „Könnten Sie sich vorstellen, nächsten Monat bei uns zu starten?" Oft würde dann die Antwort lauten: „Ich kenne nun Ihr Angebot und werde Ihnen nächste Woche meine Entscheidung mitteilen."

Es scheint fast so, als müssten sich heutzutage nicht mehr Arbeitssuchende bei den Unternehmen bewerben, sondern genau umgekehrt, und dieser Schein trügt nicht. Hatten früher Personalmanager die Qual der Wahl aus mehreren qualifizierten Bewerberinnen und Bewerbern, ist es heute an Letzteren, sich für das attraktivste Angebot zu entscheiden. Das ist neu für viele Arbeitgeber. Die Entwicklung fordert teilweise ein Umdenken um 180 Grad. Und es wird nicht nur gedacht, es wird auch gehandelt. Vor allem in ländlichen Gebieten lässt sich die Bildung von unternehmensübergreifenden Initiativen, die oft ganze Regionen zur attraktiven Arbeitgeberregion machen wollen, beobachten. Neben den schon genannten Problemen bei der Suche nach Mitarbeitern sind diese zusätzlich mit der vorherrschenden Landflucht konfrontiert. Vielfach wird bei derartigen Initiativen unter anderem auch das Ziel verfolgt, dass die Jugend in der Region bleibt oder nach der Ausbildung zurückkehrt. Dies greife nicht weit genug, meinte Bruno Buchberger, Gründer der FH Hagenberg in Oberösterreich, am 20. März 2014 in seinem Vortrag bei der IT Lounge Austria in Steyr. Man müsse sich die Frage stellen, welche Parameter eine Region so attraktiv machen, dass junge High Potentials aus aller Welt unbedingt hier arbeiten möchten.

Ebenso müssen sich nun Unternehmen ihrer eigenen Attraktivität als Arbeitgeber annehmen. Jene Unternehmen, die sich aktiv um das Wohlbefinden und die Zufriedenheit ihrer Mitarbeiter bemühen, also Employee Relationship Management als fixen Bestandteil in ihrer Firmenkultur integriert haben, liegen im Rennen um die qualifiziertesten Mitarbeiter klar vorne. Unternehmen, die das so oft beklagte Ausbleiben der Bewerbungen verzeichnen, müssen sich diesen Entwicklungen anpassen, um am Markt bestehen bleiben zu können. Hier hat ganz klar ein Rollentausch im Arbeitsmarkt stattgefunden – zwar handelt es sich immer noch um einen Bewerbermarkt, allerdings ist es heute an den Unternehmen, sich bei den qualifizierten potenziellen Mitarbeitern zu bewerben. Die etwas veraltete Sichtweise, der Pool an (mehr oder weniger) qualifizierten Arbeitssuchenden sei der Markt und Unternehmen die Kunden, hat sich ins genaue Gegenteil verkehrt: Qualifizierte Fachkräfte – ob nun arbeitssuchend oder fest angestellt – sind die

Kunden, die sich in einem Pool aus wiederum mehr oder weniger qualitativen Arbeitsplätzen, Jobangeboten und Unternehmen umsehen können, um dann das beste Angebot zu „erwerben" (Rauscher 2012, S. 120).

Bereits sehr früh war mir das immense Potenzial, das ein Mitarbeiterbeziehungsmanagement birgt, klar, was mich dazu veranlasste, als junger Kommunikationsmanager im Jahr 1989 meinem damaligen Vorstandsvorsitzenden vorzuschlagen, sich doch mehr um die Mitarbeiter zu kümmern. „Die Augen des Chefs mästen das Vieh", erklärte er mir daraufhin, und „Muh!" war meine kecke Antwort. Damit hatte ich seine Aufmerksamkeit, und er ließ sich die Sache erklären. Ich konnte nun mit Maßnahmen zur „Internen Öffentlichkeitsarbeit", wie wir es damals nannten, starten.

Mittlerweile wird zur Kundengewinnung und Stammkundenpflege für das Produkt Arbeitsplatz ein umfangreiches Instrumentarium genutzt. Es geht darum, den Arbeitsplatz als Produkt zu sehen und potenzielle Mitarbeiter als Markt und im nächsten Schritt das Produkt für den Markt vorzubereiten (Rauscher 2012). Genauso, wie eben auch alle anderen Produkte vermarktet werden: mit einer effizienten Marketingstrategie. Die Grundidee des Marketings kann und muss auf den Personalbereich umgemünzt werden, indem man Mitarbeiter an die Stelle der Kunden stellt, die man von einem Produkt – hier der Arbeitsplatz – überzeugen möchte. Wie eben im Verkauf liegt hier die Kunst darin, den (potenziellen) Kunden – Mitarbeitern – vor Augen zu führen, warum sie sich gerade für dieses Produkt entscheiden sollen, warum gerade dieses Produkt – dieser Arbeitsplatz – alle anderen in Konkurrenz stehenden Produkte in den Schatten stellt. Weil es attraktiver ist als die anderen, weil es mehr bietet. Weil der Preis besser ist, die Ausführung und die Qualität – die Parameter unterscheiden sich und sind so vielfältig wie die Welt der Produkte selbst. Bestimmt werden diese Parameter von den Kunden, von denjenigen, die sie schließlich erwerben sollen, die wissen, wozu sie ein Produkt brauchen und vor allem, was es können muss. So macht es auch hier Sinn, die entscheidenden Eigenschaften unseres Produkts – des Arbeitsplatzes – bei denen zu erfragen, die es schließlich „kaufen" sollen: den potenziellen Mitarbeitern. Das Gebot zur Entwicklung der Arbeitgeberattraktivität ist also folgerichtig die Orientierung an den Bedürfnissen der begehrten Fachkräfte (Scholz 2013, S. 487).

Diese Orientierung an den Kundenbedürfnissen stellt viele Unternehmen vor die Aufgabe eines Kulturwandels. Viele reden darüber, aber wenige tun's wirklich. So beobachte ich es zumindest im Berateralltag. Viele Arbeitgeber gehen immer noch davon aus, Geld sei der Hauptmotivator als Gegenleistung für Arbeit. Dass es durchaus um viel mehr geht, zeigt der Internetgigant Google, der 2011 zum dritten Mal von Arbeitnehmerinnen und Arbeitnehmern in den USA zum beliebtesten Arbeitsplatz ihres Landes gewählt wurde.

„I want Google to be an amazing place to work, so really excited to see us ranked as the best place to work by Fortune for the third time (more than any company)! Google is the sum of our people and their hard work and dedication. Thanks everyone!" – Dies sind die Worte von Google-Mitbegründer Larry Page, der bereits vor einigen Jahren durch ungewöhnliche und unkonventionelle Maßnahmen zur Gewährleistung der Mitarbeiterzufriedenheit den Begriff „Googliness" geprägt hat. Googliness, das sind kostenlose Gesundheitsvorsorgen, mobile Friseurdienste, flache Hierarchien und das Fördern von freiem Arbeiten und Kreativität. Eine Unternehmenskultur, die ganz offensichtlich dem kontinuierlichen Wachstum des weltweit bekannten Konzerns keinen Abbruch getan hat, sondern wahrscheinlich sogar einen der Faktoren dieses Erfolgs darstellt (Bader 2012, S. 14 f.).

Was die Arbeitgebermarke Google alles auslösen kann, zeigt ein Beispiel in einer Region in Österreich, das ich seit dem Jahr 2011 als Berater begleite.

Beispiel

Im Wirtschaftsraum Steyr in Oberösterreich hält sich seit Jahren hartnäckig das Gerücht, Google würde hier einen Standort eröffnen und rund 600 Mitarbeiter im IT-Bereich benötigen. In diesem Gebiet sind besonders viele IT-Unternehmen angesiedelt, die zu diesem Zeitpunkt auch ohne Google schon Probleme hatten, ausreichend qualifizierte Mitarbeiter zu finden. Auf die Initiative der Wirtschaftskammer hin wurden rund 30 IT-Unternehmer aktiv. Sie gründeten die IT Experts Austria als Lobbying und Kommunikationsinitiative.

Ihre Leitidee heißt: „Die Initiative IT Experts Austria in Steyr am Nationalpark vernetzt in der Informationstechnologie Ausbildung und Wirtschaft und macht die Region zum bevorzugten IT-Standort Österreichs." Damit verfolgen sie eine klare Vision: „Wer in Österreich Ausbildung, Arbeitsplatz oder Mitarbeiter für IT sucht, kommt in die Region Steyr am Nationalpark." Professionalität, Stabilität, Innovation, Tradition und Zukunft sind die Werte, die die Arbeit der Initiative bestimmen. Diese Philosophie entstand 2011 in einem sogenannten Vision Enterprise®-Projekt. So nenne ich seit 1992 die legislative Phase von

Prozessen, in welcher Philosophie, Politik, Strategie und Taktik von Marken, Unternehmen, Regionen oder sonstigen organisatorischen Einheiten festgelegt werden.

Die IT Experts Austria sind heute eine in der Öffentlichkeit relevant wahrgenommene Gruppe. Sie betreiben aktiv Pressearbeit, organisieren Veranstaltungen – vom Speeddating für Jobsuchende bis zur IT Lounge Austria als jährlichem Szenetreffpunkt zu Vorträgen oder dem jährlichen Bildungsgipfel –, alle zwei Monate gibt es Kerngruppenmeetings, auf denen Aktuelles besprochen und die nächsten Schritte geplant werden. Die IT Experts Austria publizieren eine eigene Mitgliederzeitung, pflegen eine gemeinsame Website, produzieren Broschüren. Das heißt, sie nehmen ihre Philosophie ernst und setzen sie in die Praxis um. Auch mit den Schulen wird eifrig kooperiert. Das führt dazu, dass laut Angabe von Schulvertretern das Interesse von Schülern für den IT-Bereich wieder steigt. Einzelne Unternehmer berichten auch davon, dass sie wieder leichter Mitarbeiter finden. Wolfgang Bräu, der Sprecher der Initiative und selbst IT-Unternehmer, weiß aber, „dass derartige Initiativen nur langfristig orientiert sein können."

Als Projektberater muss man dies von Anfang an klar und unmissverständlich kommunizieren. Ob in einer Region oder in einem Unternehmen – Kulturbeeinflussung oder gar Kulturveränderung braucht Zeit. Die legislative oder gesetzgebende Phase kann und muss rasch organisiert werden, während die exekutive oder umsetzende Phase idealerweise nie aufhört. Für beide Phasen zusammen habe ich vor Jahren den Überbegriff „Identiting" geprägt. Muss man doch Personal, Corporate und Brand Identity mit Marketing in einem nachhaltigen allumfassenden Gesamtkonzept planen und bespielen.

Für das bessere Verständnis meiner Ausführungen kläre ich an dieser Stelle relevante Begrifflichkeiten:

- **Philosophie:** Die Philosophie ist die zentrale übergeordnete Konzeption für die langfristige Ausrichtung am Markt. Sie kommt in Mission Statement, Vision und Werteverpflichtung zum Ausdruck. Aus ihr werden Politik und Strategie abgeleitet und die Kultur gebildet.
- **Politik:** Die Politik bestimmt die Leistungsbereiche, die Ziele und die Verhaltensgrundsätze gegenüber den maßgeblichen Dialoggruppen. Sie regelt den Umgang mit Interessensfeldern nach innen und außen.
- **Strategie:** Die Strategie ist ein langfristiger Plan des Vorgehens, um die definierten Ziele zu erreichen.
- **Taktik:** Die Taktik macht die Strategie konkret und regelt, was wer wann macht.
- **Identiting:** Identiting heißt das strategisch geplante Management von Identitäts- und Marketingprozessen zur Sicherung lang anhaltender Perioden von Zufriedenheit, Glück und Erfolg für Individuen, Organisationen und Marken. Auf den Punkt gebracht: Identiting ist die Kunst, sich einen Namen zu machen.

Unternehmen müssen also Mitarbeiter mindestens so ernst nehmen wie ihre (potenziellen) Kunden. Es sind ihre ersten Kunden für die Ware Arbeitsplatz. Sich um Kundengewinnung und -bindung zu kümmern, ist gelernt. Professionelles Gewinnen und Binden von Mitarbeitern will immer noch gelernt sein. Sobald ein Unternehmen diese Sichtweise erkannt hat, steht es dann auch schon vor der ersten Schlüsselfrage: Welche Bedürfnisse haben Mitarbeiter? Vor allem die besonders begehrten?

1.3 Was wollen High Potentials und Jobnomaden?

Arbeitgeber träumen immer von High Potentials, die bei ihnen sesshaft werden und ihr Vagabundendasein als Mitarbeiter aufgeben. Spricht man mit Studierenden, gilt es heute als erstrebenswert, Jobs immer rund drei Jahre lang auszuüben. Das mache sich gut im Lebenslauf. Der Trend- und Zukunftsforscher Matthias Horx hat bereits vor Jahren eine neue, multiperspektivische Lebensbiografie skizziert. Er meint, der Mensch inszeniere sich beruflich und privat heute zumindest dreimal (Horx 2006). Dieses Verhalten beeinflusst Angebot und Nachfrage am Arbeitsmarkt massiv. Die Lösung liegt auf der Hand. Schauen wir doch einfach, was der Kunde – sprich Mitarbeiter – will.

Laut einer Studie zum Thema Employer Branding der StepStone Deutschland GmbH aus dem Jahr 2012 ist bereits die Arbeitsausstattung für nicht weniger als 83 Prozent der Teilnehmenden bei der Wahl des Arbeitsplatzes von Bedeutung. Erst danach werden die Entlohnung und der Unternehmenserfolg genannt (75 Prozent). Eine gute und respektvolle Beziehung zwischen Vorgesetzten und Mitarbeitern sind für 75 Prozent, also fast drei Viertel der Befragten, ausschlaggebend (Bröckermann und Pepels 2013, Bd. 1, S. 281 f.). Die Zahlen sprechen für sich.

Doch ist es wirklich so einfach, High Potentials auf sich als Unternehmen aufmerksam zu machen? Das richtige Werkzeug, die schöne Umgebung und schon lassen sich die Bienen vom Honig anlocken? Glasperlen für die Eingeborenen, und schon sind alle glücklich? Oder braucht es mehr?

Die Antwort lautet angesichts des stattfindenden Wettbewerbes um High Potentials ganz klar „Nein". Natürlich müssen sich die Unternehmen hinsichtlich ihrer Attraktivität als Arbeitgeber gegenseitig übertreffen, um im „War of Talents" mithalten zu können – ein Wettbewerb, der neue Erkenntnisse ans Tageslicht bringt und somit das Aufgabenspektrum des Personalmanagements um eine Vielzahl an Möglichkeiten und Anknüpfungspunkten erweitert. Beispiele hierfür sind etwa ein vielseitiges Tätigkeitsfeld, eine ausgewogene und fruchtbare Work-Leisure-Balance, Weiterbildungsangebote oder sogenannte „Fringe Benefits" wie betriebliche Altersvorsorge oder Firmenwagen (Siems et al. 2008, S. 257), um nur einige wenige zu nennen. Manche dieser Punkte scheinen schwerer umsetzbar als andere, sind aber, wenn erst einmal angesprochen, äußerst logisch.

Überraschend (angesichts der jüngeren Entwicklungen des Arbeitsmarktes) mag sein, dass der Faktor der Arbeitsplatzsicherheit, ein eher traditioneller Wert, bei High Potentials und anderen Mitarbeitergruppen einen hohen Stellenwert hat. Jedoch bedeutet es für ein Unternehmen nicht, dass es sich auf seinen Lorbeeren ausruhen kann, sobald diese Sicherheit des Arbeitsplatzes gegeben ist, die letztendlich nicht mehr als eine – wenn auch sehr solide – Basis darstellt. Die nächsten Bausteine, immer noch ein Teil des Fundaments, sind die Möglichkeit, eine Karriere aufzubauen, das Anvertrauen herausfordernder Aufgaben und die Option, sich persönlich sowie beruflich weiterzubilden (Towers Watson 2012, S. 6).

Der Rahmen, in dem ein derartiges Personalmanagement stattfindet, ist hier auch eher nebensächlich; weder die Größe des Unternehmens noch der Marktanteil oder die internationale Bekanntheit spielen letztendlich wirklich eine Rolle. Das Image eines Unternehmens nach außen hin ist sicherlich ein Faktor, jedoch einer, der in der Regel seitens der Unternehmen oft überschätzt wird. Viel wichtiger ist hier das interne Image, das die Mitarbeiter selbst auf einer anderen Ebene meist mittels Mundpropaganda nach außen tragen. Das Fehlen einer positiven und attraktiven internen Unternehmenskultur kann schnell publik werden, wenn (zu Recht) unzufriedene Mitarbeiter im Alltag über ihre unschönen Arbeitsplätze sprechen. Dieser direkte Erfahrungsbericht verfügt in jedem Fall über mehr Aussagekraft und Glaubwürdigkeit als ein durchwegs positives Image in einer doch eher anonymen und damit schwieriger greifbaren Öffentlichkeit (Siems et al. 2008, S. 256).

Bei all den Zahlen, Thesen und Ergebnissen, die verschiedenste Studien geliefert haben, darf eines nie außer Acht gelassen werden: die individuellen und vielfältigen Ansprüche der einzelnen Mitarbeiter. Die Zahlen liefern Anhaltspunkte, die im Sinne eines funktionierenden Employee Relationship Managements nicht nur hilfreich, sondern geradezu essenziell sind. Unternehmen können und sollen sich im Wettbewerb um High Potentials an ihnen orientieren. Die größte Herausforderung wird es jedoch sein, (potenzielle) Mitarbeiter da abzuholen, wo sie stehen, sich individuell ihrer Bedürfnisse und Ansprüche anzunehmen. Nicht in erster Linie, um die Mitarbeiter zu verwöhnen, sondern eher, um sie auf diesem Weg zu hervorragenden Leistungen zu motivieren, was bedeutet, durch beispielsweise finanzielle Anreize oder gewünschte Freiräume ein Arbeitsklima zu schaffen, in dem die Mitarbeiter den bestmöglichen Nährboden für kreatives, produktives und qualitativ hochwertiges Arbeiten vorfinden (Bröckermann und Pepels 2013, Bd. 2, S. 80).

Ein sinnvoller Mix der genannten Faktoren ist das, worauf sich Unternehmen konzentrieren sollten. Letztendlich sind Mitarbeiter, wie sich gezeigt hat, konservativer als vermutet. Wer als Arbeitgeber mit Hausverstand agiert – oder immer schon agiert hat –, ist heute sehr modern. Ein attraktives Arbeitsumfeld mit vernünftigem Werkzeug, faire Entlohnung und Benefits sowie sinnstiftende Arbeit mit einer akzeptablen Work-Leisure-Balance (ich differenziere Arbeitszeit und Freizeit, nicht aber Arbeit und Leben) in einem erfolgreichen, sprich sicheren Unternehmen machen Jobs attraktiv. Das Eine bedingt das Andere. So simpel diese Logik auch scheint, so schwer ist sie jedoch in der Praxis umsetzbar. Die Mehrheit der Organisationen und Unternehmen handelt heutzutage zweifelsfrei kundenorientiert. Dass man allerdings auch die Bedürfnisse der Mitarbeiter treffen muss, und nicht umgekehrt, um die Wunschkandidaten zu finden und zu binden, bedarf zum Teil noch immer harter Überzeugungsarbeit.

Spricht man über Bedürfnisse, klingelt bei vielen die Bedürfnispyramide von Maslow (Maslow 1943). Maslow meinte völlig zu Recht, dass ein Individuum oder eine ganze Gesellschaft automatisch zur nächsten Bedürfnisebene strebe, sobald eine Ebene erfüllt sei. Ich erinnere an seine fünf Ebenen: An sich funktioniert der Homo sapiens einfach. Essen, trinken, schlafen, Sex (zur Arterhaltung) – und schon sind die Grundbedürfnisse bedient. Dies war zu einer Zeit, in der die Menschen in den Tälern ihre Höhlen einrichteten. Die Frau blieb zurück, um die Brut zu sichern und zu betreuen, während der Mann jagend und sammelnd in die Natur zog. Kam er zurück, wurde die Vorratshöhle nachgefüllt, es wurde gegessen und getrunken und dann ab aufs Bärenfell zur Arterhaltung. Danach konnte geschlafen werden. Mit der Zeit waren dann alle Höhlen besiedelt. Man musste sich um sein Hab und Gut fürchten. Die nächste Bedürfnisebene „Sicherheit" war eröffnet. So bauten alle ihre Zäune und bewaffneten sich. Ab und zu ging es für die Männer raus in die Natur, mit Wildbret und Früchten beladen kehrten sie heim zum Essen, Trinken, Bärenfell, Schlafen. Dann Wache schieben. Jagen, sammeln, essen, trinken, Bärenfell, schlafen. Und so weiter. Es wurde fad. Die soziale Sicherheit musste bedient werden (Ebene 3). Sozialsysteme entstanden, soziale Kontakte wurden gepflegt. Man wollte für seine Leistung auch Anerkennung (Ebene 4). War die gegeben, strebte man nach Selbstverwirklichung (Ebene 5). Das war's dann auch laut Maslow.

Die ewige Marketingbotschaft „Der Kunde ist König" hat uns meiner Meinung nach eine sechste Ebene beschert: die Ebene des Egozentrismus, die nur noch von einem Bedürfnis getoppt wird. Dieses ist noch individueller als die Ich-Bezogenheit. Ich spreche vom menschlichen Glück. Ich denke hier nicht an den „flow", wie ihn Mihaly Csikszentmihalyi skizzierte (Csikszentmihalyi 2000, S. 58–59). Ich meine langanhaltende Perioden von Glück, Zufriedenheit und Erfolg. Diesen Zustand nenne ich Galisoi – ein Zustand, in dem große Teile unserer Visionen und Ziele weitgehend erreicht sind und wir uns gleichzeitig über die nächsten Schritte für die nahe und ferne Zukunft im Klaren sind. Für dieses dauerhaft positive Lebensgefühl spielt stetiger Wandel eine zentrale Rolle, der Wille zur Veränderung ist sozusagen das Salz in der Suppe. Und das ist es, was High Potentials und Jobnomaden wollen. Sie streben nach Galisoi. Dafür nehmen sie erfahrungsgemäß immer weniger Kompromisse in Kauf. Gelingt es Arbeitgebern, Mitarbeiter als Könige anzusprechen, abzuholen und sie auch kundenorientiert zu behandeln, werden sie durch entsprechende Nachfrage und Loyalität belohnt. Das zeigt die Praxis an vielen Beispielen. Glück ist heute oft eng verknüpft mit einem Teil der Grundbedürfnisse. In welcher Ebene sich ein Mensch gerade befindet, kann massiv in den verschiedenen Lebensabschnitten variieren. Ich spreche deshalb lieber von einem Bedürfniskreis als von einer Pyramide.

Werfen wir, um ein Beispiel anzuführen, nun einen Blick auf einen internationalen Zulieferbetrieb in der Flugzeugindustrie.

Beispiel

Die FACC wurde vor einem Vierteljahrhundert als kleiner Ableger von Fischer Ski in Österreich gegründet. Das Unternehmen entwickelte sich rasch zu einem international wichtigen Zulieferer von Unternehmen wie Boeing oder Airbus. Heute kommt der Mehrheitsaktionär aus China. FACC ist seit 2014 an der Börse notiert. Das Wachstum verlief besonders in den letzten Jahren exponentiell rasant. 2014 starteten mehr als 1000 neue Mitarbeiter. Rund 3000 Menschen waren in diesem Jahr für das Unternehmen weltweit im Einsatz. Am Gründungsstandort in Oberösterreich waren Mitarbeiter aus 44 verschiedenen Ländern beschäftigt. Nur so konnte der Bedarf an Top-Spezialisten gedeckt werden. Bei derartigem Wachstum wird Fluktuation zum Thema. Das wiederum gefährdet die Reputation als Arbeitgeber. 2013 wurde in einem Vision Enterprise®-Projekt ein klares Ziel zur Fluktuation formuliert: „Im Geschäftsjahr 2014/15 senken wir die Fluktuation auf maximal sieben Prozent." Im Zuge des Projekts entstand auch die Philosophie als Arbeitgebermarke (FACC AG 2014):

- „Unsere Leitidee als Arbeitgeber: Menschen machen Höhenflüge.
- Unsere Vision als Arbeitgeber: Wir sind der beliebteste Arbeitgeber der Luftfahrtzulieferindustrie – weltweit.
- Unser Wertekompass als Arbeitgeber: Wertschätzung – Erfolg – Leistung – Teamgeist.
- Unser Credo als Arbeitgeber: FACC – check in & take off!"

Ein Maßnahmenbündel stützte die Zielerreichung. Zuallererst wurde eine eigene Koordinierungsstelle für

Employee Relationship Management geschaffen. Die Position ist organisatorisch dem Human Resources Department zugeordnet. Die Mitarbeiterzeitung onBoard erscheint heute alle zwei Monate. Der Vorstandsbrief „Aus dem Cockpit" liefert monatsaktuell Top-News von der Unternehmensspitze. Ein eigenes Intranet wurde in Betrieb genommen. Ein neuer Mitarbeitershop bietet gebrandete Business- und Sportswear. Die Management- und Mitarbeiterakademie wurde ausgebaut. Der FACC Leonardo prämierte erstmals Mitarbeiterprojekte, die den Wertekompass besonders deutlich praktisch sichtbar machten. Das Projekt „G'sund und zufrieden" initiierte rund 500 Maßnahmen im betrieblichen Gesundheitswesen. Und vieles mehr.

Das Maßnahmenbündel zeigte Früchte. Das Fluktuationsziel wurde unterschritten. Das Unternehmen wurde 2014 mit einem European Change Communication Award in Bronze und 2015 in Silber geehrt. Offene Stellen konnten in kürzeren Zeiträumen besetzt werden als vorher. Mitarbeiter selbst berichten von einem besseren Arbeitsklima. Eine wahre Erfolgsgeschichte.

FACC ist im oberösterreichischen Innviertel angesiedelt, einem der wichtigsten Industriegebiete Österreichs. Das Unternehmen ist Mitinitiator der Initiative Hot Spot! Innviertel. Die Plattform vereint Wirtschaftsbetriebe, Kommunen und sonstige Organisationen, die im Kampf um Talente im Mitbewerb stehen und dennoch einen gemeinsamen Weg für die Zukunft verfolgen. Eine bereits seit längerer Zeit im Innviertel verwirklichte Maßnahme zur regionalen Entwicklung als Arbeitgeberregion ist ein spezieller Welcome Service. Mitarbeiter, die erstmals in der Region wohnhaft werden, werden bei der Wohnungssuche, beim Einrichten einer Bankverbindung, bei Arzt- oder Schulangelegenheiten oder sonstigen lebensrelevanten Fragestellungen begleitet und unterstützt.

Selbstverständlich mehrsprachig. Man will den Mitarbeitern langanhaltendes Wohlbefinden bescheren.

1.4 Employer Branding – Employer Brand – Employee Relationship Management: eine Begriffsklärung

Alles, was missverstanden werden kann, wird missverstanden. Murphys Law gilt auch in der Kommunikation. Jedes Fachgebiet schützt sich durch seine Fachsprache. Umgekehrt kann ein gemeinsames Verständnis helfen, Dinge voranzutreiben. Deshalb erscheint es mir ratsam, eine kurze Begriffsklärung bzw. -abgrenzung der Termini Employer Branding, Employer Brand und Employee Relationship Management vorzunehmen.

Unter dem Stichwort „Interne Öffentlichkeitsarbeit" begann man, damit aktiv zu werden, was wir heute als Mitarbeiterbeziehungsmanagement bezeichnen würden. „Public Relations begin at home." Dieser Klassiker der PR-Theorie steht für die Annahme, dass jede Form der Öffentlichkeitsarbeit dann scheitert, wenn die Verhältnisse im Unternehmen selbst das genaue Gegenteil der PR-Aussagen darstellen. Interne Öffentlichkeitsarbeit soll dieser Gefahr entgegenwirken. Seit dem Aufkeimen der Begrifflichkeit „Employer Branding" wurde das Thema salonfähig. Der Engpass der letzten Jahre machte es richtiggehend populär. Eine funktionierende „Employer Brand" zu besitzen wurde wettbewerbsentscheidend und scheinbar auch mondän. Der nachhaltige, langfristige, sehr umsetzungsorientierte und breite Ansatz, der auch klare Instrumente zur praktischen Umsetzung liefert, läuft unter „Employee Relationship Management" (ERM).

Employer Branding

Der Begriff Employer Branding kennzeichnet kurz und prägnant „den Aufbau und die Pflege von Unternehmen als Arbeitgebermarke" (Gabler Wirtschaftslexikon, Stichwort „Employer Branding").

Das Employer Branding ist aber nicht als bloßes klassisches Personalmarketing zu verstehen. Es ist im ersten Schritt das Erfragen und Erforschen der Bedürfnisse aktueller und potenzieller Mitarbeiter und darauf aufbauend das Umsetzen von Maßnahmen, um diese Bedürfnisse zu erfüllen, mit dem Ziel sowohl einer hohen Mitarbeiterzufriedenheit als auch einer hohen Attraktivität am Arbeitsmarkt.

Etwas weiter gefasst beschreibt der Begriff auch all die Tätigkeiten und Prozesse, die im Zuge des Aufbaus der Arbeitgebermarke stattfinden, wobei wir zwischen externem und internem Employer Branding unterscheiden. Werden die Inhalte der Arbeitgebermarke nach außen kommuniziert und primär die Zielgruppe der zukünftigen Mitarbeiter, aber auch das persönliche Umfeld der aktuellen Mitarbeiter angesprochen, spricht man von externem Employer Branding. Es vereint alle auf Recruiting ausgerichteten Tätigkeiten wie Messeauftritte, Hochschulvorträge und sämtliche andere dahingehende Networking-Aktivitäten. Das interne Employer Branding ist – selbsterklärend – jener Prozess, in welchem aktiv an einer für alle beteiligten ertragreichen Beziehung zwischen Arbeitgebern und bereits eingestellten Arbeitnehmern gearbeitet wird (Peter-Janschek 2014, S. 5 ff.).

Employer Brand

Auf das Nötigste heruntergebrochen ist die Employer Brand nichts anderes als die Arbeitgebermarke selbst. Sie signalisiert zwei konkreten Zielgruppen – den aktuellen und den potenziellen Mitarbeitern – die Werte eines Unternehmens, mit dem Ziel, ein Identitätsbewusstsein zu schaffen und eine Bindung aufzubauen (Bader 2012, S. 39).

Um auf die Wichtigkeit und Wirkung des Konstrukts Marke selbst noch kurz einzugehen, möchte ich an dieser Stelle Hans Domizlaff (2005, S. 68) zitieren: „Das Ziel der Markentechnik ist die Sicherung einer Monopolstellung in der Psyche der Verbraucher."

Jedoch versteht Domizlaff die Entstehung der Marke keinesfalls als einseitig. Er spricht immer wieder vom „Eigensinn der Verbraucher" und von den Marken „als beseelte Wesen". Die Marke ist das Bild in der Psyche eines Menschen, das entsteht, sobald der Mensch einen Bedarf oder ein Bedürfnis entwickelt. Eine Employer Brand referenziert auf die Arbeit.

Employee Relationship Management

Das Employee Relationship Management ist die Verwaltung der Beziehung zu den Mitarbeitern, das Dokumentieren, Betreuen und die Organisation der Mitarbeiterbeziehungen – eine ganz bewusste Gestaltung, die als interner Prozess zu verstehen ist.

In erster Linie hat das Employee Relationship Management das Ziel, heutzutage bevorzugt mit einem IT-gestützten System, eine Plattform sowohl für Mitarbeiter als auch für Vorgesetzte zu bieten, auf welcher einerseits der Zugang zu sämtlichen relevanten Informationen gegeben ist und die andererseits Raum zum persönlichen Austausch bietet. Diese wesentliche Vereinfachung jeglicher Kommunikation zielt wiederum darauf ab, Arbeitsabläufe und den Arbeitsalltag zu erleichtern und somit die Produktivität zu erhöhen. Die Bereitstellung dieses gemeinsamen (virtuellen) Raums soll sich außerdem auf die Entwicklung einer gesunden Unternehmenskultur positiv auswirken (Peter-Janschek 2014, S. 34 f.), was sich unweigerlich in weiterer Folge auch auf die Wirtschaftlichkeit des Unternehmens nur positiv auswirken kann.

Was also ERP (Enterprise Resource Planning) für die Maschinen und sonstigen materiellen Ressourcen eines Unternehmens ist und CRM (Customer Relationship Management) für die Kundenbeziehungspflege, ist ERM (Employee Relationship Management) für die Mitarbeiter. Es geht darum, Denkkonstrukte und Handlungsprinzipien mithilfe IT-gestützter Systeme in den Alltag eines Unternehmens oder sonstiger organisatorischer Entitäten zu integrieren und daraufhin zu etablieren.

1.5 Die veränderte Rolle der HR-Verantwortlichen

Noch im ersten Jahrzehnt dieses Jahrtausends waren Personalmanager bei Beratern und Trainern eine beliebte Zielgruppe für Lohnverrechnungs- oder Entlohnungssysteme, Zeiterfassungsprogramme oder Weiterbildungsangebote. Unternehmensintern waren sie eine Art Beschaffungs- oder Entsorgungsstelle für Menschen und – wenn es denn sein musste – ein bisschen Seelsorge. Besonders Engagierte durften sich um Motivationsaktivitäten und interne Kommunikation kümmern. In strategische High-Touch-Themen wie die Marke sollten sie sich tunlichst nicht einmischen. Zumindest in der Mehrheit der Unternehmen verhielt es sich so. Ausnahmen bestätigen immer die Regel.

Der Wert des Personalmanagements hat sich allerdings mit dem Arbeitsmarkt in den letzten Jahren bemerkenswert verändert: Personalverantwortliche werden zunehmend einflussreicher. Gut die Hälfte aller in einer im Jahr 2014 stattfindenden Studie befragten Personalmanager (HR-Berufsfeldstudie des Bundesverbands der Personalmanager, kurz BPM) geben selbst an, dass ihre Vorschläge und Meinungen in der Chefetage durchaus relevant sind. Dieselbe Antwort erhielt man vier Jahre zuvor von gerade einmal einem Drittel der Befragten. Die Erkenntnis über den wahren Wert des Personalmanagements für Unternehmen und Organisationen scheint also allmählich in den Führungsetagen anzukommen (Klausnitzer 2014). Mancherorts ist das Recruiting im Zuge des Wettbewerbs um High Potentials zu einer der obersten Prioritäten in Unternehmen aufgestiegen.

Personaler stehen heute vor völlig anderen Herausforderungen als noch vor zwanzig Jahren. Lohnbuchhaltung und Zeiterfassung stellen längst nicht mehr die Hauptaufgaben in der Personalabteilung dar, sondern all die vielfältigen Herausforderungen, die Employer Branding und Employer Relationship Management mit sich bringen: Talent Management, Wissensmanagement, Recruiting, Bewerbermanagement, die stetige Kommunikation und Stärkung der Corporate Identity und vieles mehr. Die logische Schlussfolgerung ist, dass mit dem steigenden Einfluss des Personalmanagement jene charakteristischen HR-Themen bei den meisten Unternehmen schnell an Relevanz gewinnen (Weilbacher 2014).

Wäre der Zugang zu den Mitarbeitern und alles, was dazugehört, nicht zur Herausforderung geworden, würden Personalverantwortliche in ihrer Rolle unverändert wahrgenommen werden. Der massive Wandel bei Angebot und Nachfrage und die Erkenntnis des wirtschaftlichen Vorteils (gut entwickelter Führungskräfte und Mitarbeiter) treiben hier wie überall in der freien Marktwirtschaft ihre Blüten. HR-Verantwortliche sichern also nicht nur Verfügbarkeit, sondern auch Qualität, wenn sie ihren Job richtig machen. „Wo Führungskräfte ein echtes Vorbild sind, erhöht sich die Chance auf einen gelungenen Wandel um den Faktor vier. Wer Menschen einbindet und gemeinsam mit ihnen Lösungen findet, erhöht die Chancen auf Erfolg sogar um den Faktor fünf. Unternehmen, die auf Werte setzen, sind durchschnittlich leistungsfähiger. Bei hohem, nachhaltigem Engagement der Mitarbeiter ist das EBIT im Schnitt 10 Prozent höher. Das zeigen viele Studien" (Burkhard 2014).

So ist es nicht verwunderlich, dass Human Resources Manager immer öfter konsultiert werden, wenn es um Employer-Branding-Projekte geht. Meine Erfahrung in der Praxis zeigt auch, dass die Aussicht auf IT-gestützte Umsetzung von ERM-Konzepten die Bereitschaft zur Freigabe oder zum Auftrag solcher Projekte in der Entscheiderebene steigert. Das macht Employee Relationship Management so attraktiv für die Praxis. ERM verbindet ideal die legislative mit der exekutiven Phase beim Finden und Binden von Mitarbeitern. Wie auch immer ein gesetzgebender Prozess geplant wird, er gliedert sich im Wesentlichen in drei Phasen:

1. Analyse mittels primärer und sekundärer Methoden der Marktforschung (Leidfadeninterviews, Hartman-Value-Profile-Evaluierungen (www.profilingbrands.com) oder ähnliches).
2. Ideenfindung unter Einbindung von Stellvertretergruppen aus verschiedenen organisatorischen Einheiten und Hierarchien des Unternehmens.
3. Konzeption von Leitsätzen, die Fragen zum Selbstverständnis einer Organisation als Arbeitgeber beantworten. Es müssen ERM-Ziele definiert werden, die messbar den Weg für die nächsten Jahre vorgeben. Festgelegte Maßnahmen stellen die Handlungsanweisungen zur Zielerreichung dar.

1.6   ERM als Querschnittsaufgabe des Managements

Auch wenn Personalverantwortliche Initiatoren von ERM-Projekten oder Administratoren von ERM-Systemen sind, so stellt sich Employee Relationship Management als Querschnittsaufgabe innerhalb einer Organisation dar. Es gibt kaum einen Bereich, der nicht ins Thema einzahlt.

Meiner Ansicht nach muss zunächst nicht unbedingt eine eigene Stelle oder gar eine Abteilung für Employee Relationship Management geschaffen werden. Die Grundhaltung ist entscheidend. Wenn alle zentralen Dienste wie auch alle Fachabteilungen sich einer Philosophie der vernetzenden und sinnstiftenden Menschenführung verschreiben, sind relevante Voraussetzungen für erfolgreiches Mitarbeiterbeziehungsmanagement geschaffen. Die Praxis zeigt, dass bewusste menschenachtende Führung mit einer gesunden Portion Hausverstand perfekter Nährboden für die Einführung von ERM ist. Setzt eine Organisation mit entsprechender Kultur auf eine ERM-orientierte Struktur, ist Erfolg beinahe garantiert. Das bereits erwähnte Unternehmen der Flugzeugzulieferindustrie FACC hat zusätzlich innerhalb seiner Human-Resources-Abteilung eine eigene Stelle für ERM als zentralen Dienst geschaffen. Neben kommunikativen Aufgaben werden Projekte vorangetrieben, die der betrieblichen Gesundheitsvorsorge zuzuordnen sind oder dem Prozessmanagement, die jedoch auch bereichsübergreifende Themen verfolgen wie eine Entwicklung zum familienfreundlichen Arbeitgeber. Die Liste der Themen, die eine Rolle spielen können, ist schier unendlich. Alles, was dem Wohlbefinden der Mitarbeiter dient, kann zielführend sein. Kreativität von Unternehmen und Organisationen ist gefordert. Und selbst wenn es in Unternehmen, die eine derart günstige Ausgangssituation zeigen, derzeit so scheint, dass keine eigene Stelle nötig ist, so gehe ich dennoch davon aus, dass sich in den nächsten Jahren der ERM-Manager als neuer Beruf etablieren wird.

Mitarbeiterbeziehungsmanagement ist die Kunst der erfolgreichen Gratwanderung zwischen dem geschäftlichen und dem freundschaftlichen Kontaktaufbau. Persönliche Beziehungen gehören heute zu den wichtigsten Wettbewerbsvorteilen für Unternehmen, denn sie sind nicht kopierbar und einzigartig. Menschen sind einzigartig und Beziehungen eben auch.

Mitarbeiterbeziehungsmanagement kann daher als das unkopierbare Alleinstellungsmerkmal eines Unternehmens angesehen werden. Das Erfolgsprinzip dahinter ist mehr als einfach. Geht es dem Einzelnen gut, geht es allen gut. Geht es allen gut, geht es dem Unternehmen gut. Geht es dem Unternehmen gut, geht es dem Einzelnen gut. Und so fort. In der Praxis scheint diese simple Erfolgsformel aber sehr schwer durchsetzbar zu sein. Gerade sogenannte Soft Skills fallen Unternehmen oft besonders schwer. Viele Mitglieder von Managementteams tun sich leichter mit exekutierbaren Hard Facts. Es hilft auch hier wie in vielen anderen Bereichen des Lebens die Grundformel: Struktur braucht Kultur und Kultur braucht Struktur. Auch deshalb wird sich in Zukunft das Berufsbild eines ERM-Managers etablieren.

Literatur

Verwendete Literatur

Bader, Bernadette. 2012. *Werte als kritische Erfolgsfaktoren im Zusammenleben von Unternehmen und ihren ArbeitnehmerInnen. Werte auf den Ebenen der Unternehmenskultur, des Employer Branding und der Ethik.* Diplomarbeit. Alpen-Adria-Universität, Klagenfurt.

Bröckermann, Reiner, und Werner Pepels. 2013. *Handbuch Personalgewinnung* Das neue Personalmarketing – Employee Relationship Management als moderner Erfolgstreiber, Bd. 1. Berlin: BWV.

Bröckermann, Reiner, und Werner Pepels. 2013. *Handbuch Personaleinsatz* Das neue Personalmarketing – Employee Relationship Management als moderner Erfolgstreiber, Bd. 2. Berlin: BWV.

Burkhard, O. 2014. HR im Zentrum. Human Resources Manager, Kategorie Personalmanagement. http://www.humanresourcesmanager.de/ressorts/artikel/hr-im-zentrum (Erstellt: 25. Juli 2014). Zugegriffen: 23. Sept. 2014

Csikszentmihalyi, M. 2000. *Das flow-Erlebnis. Jenseits von Angst und Langeweile: im Tun aufgehen*, 8. Aufl. Stuttgart: Klett-Cotta.

DIHK – Deutscher Industrie- und Handelskammertag, Berlin. 2014. Fachkräftesicherung – Unternehmen aktiv. DIHK-Arbeitsmarktreport. Ergebnisse einer DIHK-Unternehmensbefragung 2013/2014.

Domizlaff, Hans 2005. *Die Gewinnung des öffentlichen Vertrauens. Ein Lehrbuch der Markentechnik*, 7. Aufl. Hamburg: Marketing Journal Verlag.

Ernst & Young, Essen. 2014. Mittelstandsbarometer Januar 2014. Befragungsergebnisse.

FACC AG 2014. *onBoard. Menschen machen Höhenflüge. Jubiläumsausgabe 2014*. Ried.

Fill, A. 2014. *Mitarbeitervernetzung – „das CORE Prinzip"*. Treisnach: FILL Gesellschaft m.b.H..

Horx, Matthias 2006. *Wie wir leben werden. Die Zukunft beginnt jetzt*. Frankfurt: Campus Verlag.

Institut der deutschen Wirtschaft Köln e. V. (Hrsg.). 2014. Fachkräfteengpässe in Unternehmen. Köln: Institut der deutschen Wirtschaft Köln Medien GmbH.

Klausnitzer, Christopher 2014. Noch nicht ganz oben. [Human Resources Manager, Kategorie Personalmanagement. http://www.humanresourcesmanager.de/ressorts/artikel/noch-nicht-ganz-oben (Erstellt: 26. Juni 2014). Zugegriffen: 23. Sept. 2014

Manpower Group 2014. *Talent Shortage Survey 2014. Studie Fachkräftemangel*. Wien: ManpowerGroup.

Maslow, Abraham H. 1943. A Theory of Human Motivation. *Psychological Review* 50(4):370–396. Online-Ausgabe bei der York University. Online unter: http://psychclassics.yorku.ca/Maslow/motivation.htm. Zugegriffen: 18.02.2015.

Peter-Janschek, Lisa. 2014. Employee Relationship Management als strategisches Werkzeug zur Stärkung der Mitarbeiterbindung. Projektarbeit. Donau-Universität, Krems.

Petkovic, Mladen 2008. *Employer Branding. Ein markenpolitischer Ansatz zur Schaffung von Präferenzen bei der Arbeitgeberwahl*. München, Mering: Rainer Hampp Verlag.

Rauscher, Bernhard 2012. Helden und Emotionen: Die Bedeutung emotionalen Personalmarketings. In *Personalmarketing*

2.0. Vom Employer Branding zum Recruiting, Hrsg. Christoph Beck. München: Hermann Luchterhand Verlag.

Schoiswohl, Martin. 1986. Die interne Öffentlichkeitsarbeit bei Kreditinstituten am Beispiel der Oberösterreichischen Raiffeisen-Zentralkasse. Dissertation zur Erlangung des Doktorgrades. Salzburg: Geisteswissenschaftliche Universität Salzburg.

Scholz, Christian 2013. *Personalmanagement: Informationsorientierte und verhältnistheoretische Grundlagen.* München: Vahlen Verlag.

Siems, Florian U., Manfred Brandstätter, und Herbert Gölzner (Hrsg.). 2008. *Anspruchsgruppenorientierte Kommunikation. Neue Ansätze zu Kunden-, Mitarbeiter- und Unternehmenskommunikation. Wiesbaden: GWV Fachverlage* Europäische Kulturen in der Wirtschaftskommunikation, Bd. 12

Springer Gabler Verlag (Hrsg.). Gabler Wirtschaftslexikon, Stichwort: Customer Relationship Management (CRM). http://wirtschaftslexikon.gabler.de/Definition/customer-relationship-management-crm.html. Zugegriffen: 18.02.2015.

Springer Gabler Verlag (Hrsg.): Gabler Wirtschaftslexikon, Stichwort: Employer Branding. http://wirtschaftslexikon.gabler.de/Archiv/596505812/employer-branding-v3.html. Zugegriffen: 11.09.2014.

Springer Gabler Verlag (Hrsg.): Gabler Wirtschaftslexikon, Stichwort: Enterprise-Resource-Planning-System. http://wirtschaftslexikon.gabler.de/Definition/enterprise-resource-planning-system.html?referenceKeywordName=ERP-System. Zugegriffen: 18.02.2015.

Towers Watson, Köln 2012. Talent Management & Rewards Studie 2012. Ergebnisse für Deutschland.

Trost, Armin 2012. *Talent Relationship Management. Personalgewinnung in Zeiten des Fachkräftemangels.* Berlin: Springer-Verlag.

Weilbacher, Jan C. 2014. Nein, HR geht nicht unter. Human Resources Manager, Kategorie Personalmanagement. http://www.humanresourcesmanager.de/ressorts/artikel/nein-hr-geht-nicht-unter (Erstellt: 28. Juli 2014). Zugegriffen: 23. Sept. 2014

Wikipedia. Stichwort: Querschnittsaufgabe. Online unter: http://de.wikipedia.org/wiki/Querschnittsaufgabe. Zugegriffen: 18.02.2015.

Weiterführende Literatur

BA – Bundesagentur für Arbeit. Arbeitsmarkt in Zahlen. Beschäftigungsstatistik 2014. http://statistik.arbeitsagentur.de/nn_31966/SiteGlobals/Forms/Rubrikensuche/Rubrikensuche_Form.html?view=processForm&resourceId=210368&input_=&pageLocale=de&topicId=609628&year_month=201309&year_month.GROUP=1&search=Suchen. Zugegriffen: 15.05.2014.

Geißler, Cornelia 2007. Eine Arbeitgebermarke? *Harvard Business Manager* 2007(10):136. http://www.harvardbusinessmanager.de/heft/artikel/a-622645.html. Zugegriffen: 11.09.2014. Zuletzt aktualisiert am 07.05.2009.

GIB, Berlin 2013. Empiriegestütztes Monitoring zur Qualifizierungssituation in der deutschen Wirtschaft. Ergebnisbericht zur Welle Frühjahr 2013. Studie im Auftrag des Bundesministeriums für Wirtschaft und Technologie.

Kienbaum Communications, Gummersbach 2014. HR-Trendstudie 2014. Ergebnisbericht.

2

Das CORE Prinzip als ganzheitlicher Ansatz für Unternehmens- bzw. Organisationsresilienz

2.1 Vernetzt Sinn stiften

Employee Relationship Management bietet Struktur und entwickelt Kultur – und das ist insbesondere in wirtschaftlich turbulenten Zeiten auschlaggebend. Es stellt einen modernen ganzheitlichen Ansatz für die Entwicklung einer widerstandsfähigen Organisation bzw. Unternehmung dar. Das gelebte CORE Prinzip macht resilient und steht für einen klaren Auftrag: Vernetze Mitarbeiter! Stifte Sinn!

Das Wort „Resilienz" leitet sich aus dem Lateinischen ab: „Resilire" bedeutet zurückspringen, abprallen. Übersetzt wird Resilienz mit „Widerstandskraft". Wörtlich bedeutet „Resilienz" Elastizität und meint damit die individuelle Anpassungs- oder Widerstandsfähigkeit im (Berufs-)Leben. Resilienz bietet eine Erklärung dafür, warum ein Mensch eine schwere Krise übersteht, ohne daran zu „zerbrechen". Er vertraut auf seine eigene Robustheit und die Regenerationsfähigkeit einer veränderlichen Welt. Matthias Horx spricht heute vom „Lifestyle of Resilience". Resilienz als erhöhte

© Springer Fachmedien Wiesbaden 2016
M. A. Schoiswohl, *Vernetze Mitarbeiter, stifte Sinn*,
DOI 10.1007/978-3-658-06334-4_2

Krisensicherheit (im Sinne von Redundanz und selbstheilungsfähigen Strukturen) ist somit die Antwort auf die überzogene Vorstellung, alles planen und berechnen zu können.

Mit Resilienz ist also die innere Kraft oder Reservefähigkeit gemeint, die uns Menschen Krisen nicht nur meistern, sondern uns darüber hinaus auch persönlich an ihnen wachsen lässt. Sie ist die Fähigkeit, alle Arten von äußeren Einflüssen, insbesondere jene, die für gewöhnlich eher negativ konnotiert sind, in positive Energie umzuwandeln. Ganz nach dem Motto „Was uns nicht umbringt, macht uns nur stärker" oder „Aus Fehlern lernt man", wenn man so will. Horx vergleicht diesen Reflex mit einem Muskel, der nicht trainiert wird: „Muskeln, die keinen Reiz mehr erfahren, verkümmern. Muskeln, die man hin und wieder besonders stark belastet, wachsen schnell. Gehirne, die nicht gefordert werden, verblöden. Ein bisschen Verwirrung von Zeit zu Zeit, neue Impulse, die einen ‚verrückt' machen können, steigern die mentalen Fähigkeiten." (Horx 2013, S. 233) Exakt dieselbe Formel wendet er auf viel größere Konstrukte wie Ökonomie und Gesellschaft an (ebd.). Es geht also nicht nur darum, Fehler, Rückschläge, Misserfolge, Pleiten und dergleichen als Erfahrung, aus der gelernt werden kann, zu verbuchen. Horx geht noch weiter und behauptet, ohne diese Rückschläge sei gar keine Weiterentwicklung möglich. Wenn man bedenkt, dass es gerade Krisen sind, die sowohl im Privaten als auch im Öffentlichen einen Umschwung, eine Revolution, eine Reform hervorrufen, dann muss man ihm recht geben.

Schon vor mehr als zehn Jahren hat sich der Harvard Business Review mit dem Thema der Resilienz in Unternehmen und Organisationen beschäftigt und in einem eigenen Buch umfassend erläutert (Hamel und Välikangas 2003). Vier Anforderungen müsse eine Organisation erfüllen, heißt es hier, um wahrhaftig resilient sein zu können. Eine davon liest sich wie folgt: „An organization must be able to divert resources from yesterday's products and programs to tomorrow's. This doesn't mean funding flights of fancy; it means building an ability to support a broad portfolio for breakout experiments with the necessary capital and talent" (Hamel und Välikangas 2003, S. 4). So sollen die Wertesysteme resilienter Organisationen als Halt in schwierigen Situationen dienen. Interessant ist in diesem Zusammenhang, dass die Anzahl der auf psychischen Erkrankungen zurückzuführenden Fehlzeiten kontinuierlich steigt (Österreichisches Institut für Wirtschaftsforschung 2014, S. 51). Davon lässt sich ableiten, dass definierte resiliente Unternehmen nicht nur eine erhöhte Widerstands- und Lernfähigkeit in Krisensituation aufweisen und aus diesen gestärkt hervorgehen können, sondern darüber hinaus auch in Zeiten der Stabilität effektiver und produktiver funktionieren als Unternehmungen, die sich nicht explizit mit dem Thema Resilienz beschäftigen.

Die Resilienz zu schaffen und zu stärken obliegt in erster Linie der Führungsebene. Hier muss vorgegeben und -gelebt werden, was Resilienz ist – erst dann kann sie auf alle Ebenen eines Teams, eines Unternehmens oder einer Organisation übergreifen. Erst wenn sämtliche Mitglieder über die Komponente Resilienz verfügen, kann man eine Organisation ganzheitlich als resilient bezeichnen, und dies muss auf jede Organisation zutreffen, die im Angesicht einer Krise eine hohe Leistungsfähigkeit beibehalten will (Scharnhorst 2012, S. 213).

Was aber trägt zur allgemeinen Resilienz bei, was macht sie aus? Ein starkes System aus Werten, die von jedem einzelnen Teammitglied sowohl verinnerlicht als auch nach außen hin gelebt werden. Je stärker dieses Wertesystem in der Unternehmung und im Individuum verankert ist, desto resilienter agiert und reagiert die Organisation in ihrer Gesamtheit. Ein ausgezeichnetes Beispiel hierfür bietet uns die Institution Katholische Kirche. Weder eine ausgesprochen starke Resilienz noch ein festes, fast schon unbeugsames Wertesystem kann man der Katholischen Kirche abstreiten. Ob man nun mit diesen augenscheinlich nach innen und außen gelebten, sehr konservativen Werten als Individuum übereinstimmt oder nicht, sei dahingestellt. Die Werte an sich werden von Außenstehenden, von Kritikern infrage gestellt. Nichtsdestotrotz hat sich die Katholische Kirche mithilfe ihres eisernen Wertesystems – so fraglich dies auch manchen erscheinen mag – im Laufe der letzten Jahrhunderte immer und immer wieder gegen Krisen von außen behauptet, ohne große Einbußen verzeichnen zu müssen. Und dies ist nur logisch, fördert doch ein starkes Wertesystem den Zusammenhalt innerhalb einer Organisation, was sich unmittelbar auf die Resilienz auswirkt. Dies wiederum verankert – speziell nach überstandener Krise – abermals die gelebten und kommunizierten Werte noch tiefer im Individuum und auch nach außen hin – ein Kreislauf, der sich spiralförmig entwickelt.

Die Entwicklung, die Verankerung und die Etablierung von Resilienzkomponenten kann natürlich dem Zufall überlassen werden; und dies muss nicht zwingend zum Scheitern verurteilt sein. Ratsamer ist es jedoch, ein explizites und gezieltes Resilienzmanagement zu schaffen. Dieses ist keinesfalls alleine als Krisen- oder Risikomanagement zu verstehen. Als interdisziplinäres Feld bildet es eine Symbiose mit der gesamten Unternehmensstruktur und -kultur.

Ich habe 2011 versucht, Resilienzfaktoren zu strukturieren und spreche seither vom CORE Prinzip. Der englische Begriff Core, ins Deutsche übersetzt, meint ursächlich einen Bohrkern im geologischen Sinn oder einfach Herzstück. Im Marketing sprechen wir von den Core Values einer Marke, den sogenannten Schlüsselkauffaktoren bzw. Key Buying Factors (Weis 1977). Da ich ERM als das absolute Herzstück einer jeden Organisation bzw. Unternehmung betrachte, lag die Wahl der Begrifflichkeit nahe. Das Wort „Core" trägt jedoch noch mehr in sich:

- **Communication:** Geben Sie ein eindeutiges und klares Versprechen!
- **Organisation:** Halten Sie das Versprechen! Erfüllen Sie die geweckten Erwartungen!
- **Recreation:** Kümmern Sie sich um Gesundheit und Wohlbefinden Ihrer Mitarbeiter!
- **Expert:** Bieten Sie Professionalität und Perspektiven zur persönlichen Weiterentwicklung!

Welche Leitideen sind mit dem CORE Prinzip noch verbunden? Mögliche Imperative bzw. Handlungsanweisungen hören sich folgendermaßen an:

- **Corpsgeist:** Schaffe Teamgeist!
- **Offenheit:** Sei offen für Neues!
- **Reputation:** Verwirkliche Visionen!
- **Erfolg:** Genieße den Erfolg!

Wie geht das? Worüber reden wir in der Praxis?

- **Communication:** interne Kommunikation, Dialog, Feedback, Mitarbeitergespräche, Unternehmens-TV
- **Organisation:** Stammdaten, Prozessabläufe, Job Descriptions, Zielemanagement, intelligente Gebäudepläne, Inventarverwaltung
- **Recreation:** Gesundheitsmanagement, internes Merchandising
- **Expert:** Wissens- und Bewerbermanagement, Ideenmanagement, Akademie

In vielen Unternehmen gibt es Teillösungen zu diesen Themenfeldern, die mehr oder weniger intensiv Softwareunterstützung erfahren. Sobald in diesen Bereichen Mitarbeiter mit Informationstechnologie bei gleichzeitig definierter Philosophie der Arbeitgebermarke umfassend strukturell unterstützt werden, spreche ich von gelebtem ERM moderner Prägung. Die praktischen Implikationen des CORE Prinzips werden in den folgenden Abschn. 2.2 bis 2.5 erläutert.

2.2 Communication – vom schwarzen Brett bis zur modernen Feedback-Kultur

„Interne Kommunikation bei Kreditinstituten am Beispiel der oberösterreichischen Raiffeisenzentralkasse" ist der Titel meiner Doktorarbeit aus dem Jahr 1986. Ich verstand bereits damals das Thema Internal Public Relations weiter als nur kommunikationsfokussiert. Die persönliche Kommunikation war gerade in sehr großen Betrieben zu einem Hindernis geworden, und um dieses Hindernis überwinden zu können, erklärte ich in besagter Doktorarbeit die Public Relations zum Kommunikationsmittel: „Sie bewegen sich in Richtung von der Leitung zu den Mitarbeitern und von den Mitarbeitern zur Leitung. Neben diesem Prinzip der Zweigleisigkeit weisen diese PR eine weitere Ebene des Informationsflusses auf: zwischen den Mitarbeitern, von Angestelltem zu Angestelltem, von Arbeiter zu Arbeiter; von Funktionär zu Funktionär" (Schoiswohl 1986, S. 35).

Schon 1986 war mir klar, wie unentbehrlich die laufende Vermittlung innerbetrieblicher Informationen war, und sei es nur zu dem Zwecke, keine Mitarbeiter auszuschließen und somit niemandem das demotivierende Gefühl zu geben, übervorteilt zu werden und „den Weg zweifelhaften Wissenserwerbs über informelle Nebenkanäle gehen zu müssen" (Schoiswohl 1986, S. 36).

Darüber hinaus wird es für einzelne Mitarbeiter immer schwieriger, Zusammenhänge in Prozessabläufen zu erkennen und zu überblicken, je größer ein Betrieb ist. Eine interne Kommunikationsplattform, die von der Unternehmensführung zur Verfügung gestellt wird und allen Mitarbeitern zugänglich ist, öffnet Einsichten bis in jene Teile der Gesamtarbeit, mit denen die einzelnen Mitarbeiter am wenigsten zu tun haben, und fügt wiederum die individuellen, im Vergleich oft kleinen Aufgabengebiete in ein nachvollziehbares Gesamtkonstrukt ein. Dies zeigt den Mitarbeitern die Wichtigkeit und Unentbehrlichkeit ihrer eigenen Arbeitsschritte auf, was natürlich zusätzlich motiviert. Ebenso bauen Mitarbeiter durch eine solche Transparenz Vertrauen zum eigenen Unternehmen auf, woraus sich mitunter der sehr wünschenswerte Faktor Loyalität ergeben kann.

Flache Hierarchien sind eine der Grundvoraussetzungen für eine funktionierende, damals von mir so benannte „interne Öffentlichkeitsarbeit". Im Dialog müssen sich Arbeitgeber und Arbeitnehmer auf gleicher Höhe gegenüberstehen. Würde nämlich von der Führungsebene eine nach unten stark abfallende Hierarchie praktiziert, wäre kaum davon auszugehen, dass Mitarbeiter freiwillig das Gespräch mit ihren Vorgesetzten suchten.

Als ich im Zuge meiner Doktorarbeit damals diese Thesen erstmals ausformulierte, führte ich folgende Instrumente zur internen Kommunikation als Beispiele an: das Schwarze Brett, Mitarbeiterbesprechungen und das Hausfernsehen. Selbst wenn jene Werkzeuge aus heutiger Sicht etwas veraltet scheinen, waren sie 1986 selbst in größeren Unternehmungen des deutschsprachigen Raums eher exotische Tools. Überhaupt war das Thema der internen PR ein auf weiter Fläche noch sehr unbekanntes wie auch nahezu unangetastetes Terrain.

Heute sieht das anders aus. Man weiß um die Bedeutung der internen Kommunikation für den Unternehmenserfolg und kann sie mit verschiedensten Mitteln aktiv beeinflussen, gestalten und verändern. Die bewusste Gestaltung der Kommunikation ist natürlich Ziel und Aufgabe von ERM, sprechen wir doch von einer Managementaufgabe. Wobei der Sache Grenzen gesetzt sind: Jedes Team, jede Organisation verfügt über eine eigene Dynamik, die interne Kommunikation kann und soll nicht auf allen Ebenen beeinflusst und gelenkt werden, und die Mitarbeiter sollen und werden sich immer ein eigenes Bild von der Unternehmenskultur machen dürfen. Allerdings sollten hierbei von Seiten der Führungskräfte entsprechende Rahmenbedingungen geschaffen werden. Möglichkeiten dafür sind beispielsweise Feedbackgespräche, interne Printmedien, das klassische schwarze Brett und so fort. Wenn alle Weichen für eine fruchtbare interne Kommunikation gestellt sind, kann die Arbeitgebermarke ihr Werte auch nach außen transportieren – durch die eigenen Mitarbeiter als Markenbotschafter (Siems et al. 2008, S. 260).

Will man Transparenz und einen fairen Austausch von Informationen von Mitarbeitern fördern, muss ebendies auch in der Führungsebene vorgelebt werden. Wobei hier die Betonung auf „fair" liegt. Das Vorenthalten wichtiger Informationen aus Berechnung kann nie Bestandteil eines solchen Kommunikationsmodells werden, da jegliches Zurückhalten von relevanten Informationen längerfristig nur zu Komplikationen führen kann und sich somit unweigerlich als Nachteil erweisen wird (Brennecke 2014, S. 11).

Was uns wiederum zur bereits oben erwähnten Gratwanderung führt. Bei aller definierten Struktur muss man – mithilfe von Kommunikations- und Verhaltensmanagement – immer wieder an der (Gesprächs-)Kultur arbeiten. Da der Begriff „interne Kommunikation" (vgl. Gabler Wirtschaftslexikon) sowohl formelle Kommunikationsprozesse in jeglichen Ausführungen – wie Teambesprechungen, Dienstanweisungen, protokollierte Mitarbeitergespräche etc. – als auch informelle Kommunikationsflüsse wie beispielsweise Gespräche über Privates oder auch Gerüchte zusammenfasst, liegt es auf der Hand, dass man es hierbei mit einem sehr weitläufigen und vor allem nur begrenzt kontrollierbaren Feld zu tun hat.

Natürlich ist nichts gegen private Gespräche am Arbeitsplatz einzuwenden, sind sie doch Zeichen dafür, dass die Mitarbeiter untereinander gegenseitiges Vertrauen aufgebaut haben. Gerüchte jedoch, speziell wenn sie sich auf das Firmengeschehen beziehen, können zweifelsohne eine schlechte, missgünstige Stimmung schaffen, die sich nur kontraproduktiv auf ein Unternehmen auswirken kann. Durch eine offene Kommunikationsplattform und fruchtbare Feedbackkultur ist destruktiv wirkenden Gerüchten gar nicht erst der Nährboden gegeben, den sie brauchen, um sich zu etablieren. Hier liegt eine weitere Aufgabe für die HR-Abteilung, die durch das Zurverfügungstellen moderner IT-gestützter HR-Tools eine Basis für eine offene Feedbackkultur schaffen kann (Lochmann 2013).

Die Effizienz einer IT-gestützten internen Kommunikationskultur lässt sich nach ihrer Etablierung mittlerweile auch in Zahlen ausdrücken. Eine Studie der Wiesbaden Business School und der Beratung Embrander mit dem Titel „Enterprise 2.0 – Status Quo 2013" hat folgende Hauptziele für den Einsatz von „Social Software" zutage gebracht (Justen 2013):

- Verbesserung der internen Kommunikation und Zusammenarbeit (89 Prozent),
- Verfügbarmachen von implizitem Wissen (62 Prozent),
- Verbesserung der Speicherung von Wissen (53 Prozent),
- Erhöhung der Produktivität (35 Prozent).

Zusammengefasst wird der Bestandteil Communication aus dem CORE Prinzip von mehreren Bausteinen geformt:

- **Information:** Die Verfügbarkeit von Information und die Möglichkeit zum raschen und strukturierten Austausch derselbigen ist Grundlage für motivierte Mitarbeiter und ein gutes Arbeitsklima. Es geht hier natürlich um Informationen über den Markt bzw. den Organisationsgegenstand, um Informationen über die eigene Organisation bzw. Unternehmung und über das Team im engeren Sinne.
- **Diskussion:** Die Möglichkeit zur freien Diskussion ergänzt den Informationsansatz. Hier braucht es Foren und Plattformen, die dies ermöglichen. Im Zeitalter von „Like and Dislike" sollen Mitarbeiter den Freiraum haben, ihre Meinung rasch und effizient kundtun zu können oder Kommentare zu platzieren. Auch die Möglichkeit, eigene Weblogs zu betreiben, kann eine sehr anregende Wirkung auf das Arbeitsklima haben.
- **Feedback:** Wie denken Mitarbeiter? Rasches Wissen über die Meinung aller kann erfolgsentscheidend sein oder aber auch unternehmensintern unnötigen Diskussionsbedarf reduzieren. Ein Beispiel: FILL Maschinenbau hat jahrelang diskutiert, ob Mitarbeiter innerhalb der Arbeitszeit rauchen dürfen. Die Lobby der Raucher während der Arbeitszeit war kommunikativ extrem stark. Man scheute eine klare Regelung. 2013 hat sich das Management dann doch dafür entschieden, dass Mitarbeiter für gesetzlich nicht vorgesehene Pausen „ausbuchen" müssen. Eine kurz nach der Veröffentlichung der Entscheidung durchgeführte Befragung bei den Mitarbeitern mittels Online-Tool hat ein unerwartetes Ergebnis gebracht. Rund 80 Prozent befürworteten die Entscheidung (darunter zahlreiche Raucher). Das

Ergebnis wurde intern sofort publiziert, womit eine von zwar wenigen, jedoch sehr lauten Kollegen geführte negative Diskussion im Keim erstickt wurde.

Vielfach ist unser westlich geprägter Effizienz- und Effektivitätskult verantwortlich dafür, dass oft ohne großes Feedback seitens der Mitarbeiter Entscheidungen getroffen werden. Im Leitfaden der Außenhandelsstelle Tokio der Wirtschaftskammer Österreich aus dem Jahr 2010 sind Strukturunterschiede zwischen westlichen und japanischen Unternehmen beschrieben. Bei westlichen Unternehmen werden Entscheidungen von den Entscheidungsträgern schnell und oft auch über die Köpfe der Mitarbeiter hinweg getroffen und gegen eventuelle Widerstände, die möglicherweise manchmal lediglich auf Gewohnheiten basieren, durchgesetzt. Das hat natürlich den Vorteil einer schnellen und effizienten Entscheidungskultur, ist aber gegenüber den Mitarbeitern unter Umständen bestenfalls unhöflich und schlimmstenfalls skrupellos (WKO 2010, S. 16). Im Gegensatz dazu werden bei japanischen Unternehmen Entscheidungen unter Berücksichtigung und mit der Mitsprache aller Ebenen getroffen. Der Vorteil, den eine solche Unternehmenskultur mit sich bringt, liegt auf der Hand: Niemand muss „überfahren" werden, das Mitspracherecht aller Mitarbeiter wird aktiv eingefordert. (WKO 2010, S. 16).

Umfassendes Feedback kann die Führungsqualität steigern und Unternehmungsentscheidungen wertvoller machen. Dem Mehr an Zeitaufwand, das diese Entscheidungskultur mit sich bringt, kann durch die Schaffung effizienter Entscheidungsprozesse auf allen Ebenen entgegengewirkt werden, besonders in einer Zeit, in der so gut wie alle Unternehmungen durch IT-gestützte Systeme in Echtzeit vernetzt sind.

Moderne IT-Unterstützung macht japanischen Tiefgang bei westlich geführten Unternehmen jetzt möglich. Mitarbeiter sind motiviert. Unternehmen profitieren. Ein perfektes Beispiel für ERM.

- **Gespräch:** Ein echter Klassiker darf hier nicht vergessen werden – das Mitarbeiterentwicklungsgespräch (MEG). Idealerweise führt jede Führungskraft mindestens einmal jährlich mit jedem Mitarbeiter ein solches Gespräch, in dem sowohl die Vergangenheit als auch die Zukunft besprochen werden. Das Protokoll des Gesprächs wird wiederum als Leitfaden für folgende Gespräche verwendet. Es handelt sich hier um ein traditionelles, aber sehr erfolgreiches Managementtool. Entsprechend IT-unterstützt sind Mitarbeiterentwicklungsgespräche ein unverzichtbarer Baustein von ERM, wobei hier Lösungen anzustreben sind, die Zielvereinbarungen derartiger MEG unmittelbar mit Akademieverwaltungen verknüpfen und auch mit Job Descriptions korrelieren.

- **Tagesstart:** Ein sehr einfaches Instrument zur Unterstützung der eigenen Arbeitseffizienz kann ebenfalls in modernen ERM-Lösungen eingesetzt werden. Ein Werkzeug für den Start in den Arbeitstag hilft, zu Arbeitsbeginn seine Kräfte zu bündeln und zu fokussieren. Gleichzeitig wird für alle Mitglieder im Netzwerk die Information geliefert, woran ein Kollege gestern gearbeitet hat, worauf er sich heute konzentriert und wo er sich gerade befindet. Die kurze Beantwortung von Fragen wie „Was habe ich gestern zuletzt gemacht?", „Was mache ich heute?", „Was ist noch wichtig?", „Wann ist mein nächster Arbeitstag?" fördert die Konzentration aufs Wesentliche und gibt sekundenschnell Information, wo und ob man jemanden erreichen kann. Das Instrument wurde ursächlich bei IT-Unternehmen eingesetzt.

• **Fernsehen:** Unternehmens-TV-Lösungen sind innerhalb der internen Kommunikation begehrt, aber sehr aufwendig (Schoiswohl 1986, S. 62). Moderne IT-Systeme mit einfachen technischen Transpondern machen zentral gesteuertes Unternehmens-TV leicht realisierbar. Deshalb möchte ich diesen Informationskanal explizit als relevanten Baustein für ein modernes ERM-System erwähnen.

2.3 Organisation – von Stammdaten, Funktionsbeschreibungen, Prozessmanagement bis zu Zielverfolgungssystemen

Eine gut entwickelte Aufbau- und Ablauforganisation trägt zur Zufriedenheit der Mitarbeiter bei. Beides bietet Sicherheit, definiert eindeutig Freiräume und Verbindlichkeiten. Wir sprechen hier allerdings von einer institutionalisierten, zielgerichteten und durchaus formalen Organisationsstruktur, die sich ganz klar unterscheidet von fallweisen (und im Idealfall vorausschauend ebenso klar geregelten) Improvisationsprozessen (wirtschaftslexikon24.com 2014). Sie inkludiert unter anderem die Klärung des Umgangs mit unternehmenseigenen Ressourcen oder Informationen, Pläne über Tätigkeiten und Plätze einzelner Kollegen, die

Abbildung der eigenen Stammdaten mit klaren Funktionsbeschreibungen und Bewertungen der eigenen Skills.
Weitere Inhaltspunkte sind abhängig von der Unterneh-
mensgröße und -reichweite, unabhängig davon jedoch ist
der Anspruch der Klarheit an die jeweilige Organisationsstruktur.

Bei all den klar und fest definierten Regelungen, die
der Organisationsstruktur eigen sind, muss ebenso eine
Balance zwischen Prozesssicherheit und Flexibilität gegeben sein. Improvisationen, ein Umdenken, neue, schnelle
Entscheidungen und ein unmittelbares Umsetzen dieser,
das Rechnen mit dem Unkalkulierbaren sind ebenso Teil
und Aufgabe der Aufbau- und Ablauforganisation selbst.
Mit Richtlinien und „Notfallplänen" müssen Spielräume
geschaffen werden, in denen gegebenenfalls mit Flexibilität und Spontanität agiert werden kann. Die Aufgabe an
die Organisationsstruktur ist hier eindeutig, auch bei weniger linearen Prozessen nicht Gefahr zu laufen, Chaos zu
produzieren (Saaman 2014).

In den Bereich der Organisation fallen auch Stellen- und
Funktionsbeschreibungen. Sie scheinen auf den ersten Blick
unverzichtbar, stellen jedoch auch eine unmittelbare Gefahrenquelle dar. Das sehr genaue Beschreiben und Vorgeben
von Arbeitsabläufen kann Mitarbeiter am eigenen Mitden-
ken hindern. Wird ein Aufgabenprofil im Dialog mit der
Führungsebene jedoch selbst erarbeitet und festgelegt, trainiert das nicht nur die Kreativität und Eigeninitiative der
Mitarbeiter. Es stellt zudem sicher, dass unternehmensin-
terne Abläufe erkannt und verstanden werden. In solch einem fließenden Organisationssystem fällt es Mitarbeitern
leicht, auf etwaige Unregelmäßigkeiten oder unvorhergese-

hene Hindernisse zu reagieren (Saaman 2014). Einerseits fordern Menschen massiv ihre Freiheit ein, andererseits wollen sie aber auch ein gewisses Maß an Führung. Die Praxis zeigt, dass Stellenbeschreibungen Sinn machen. Nur müssen sie auch die Freiräume und Eigenverantwortlichkeiten eines Mitarbeiters definieren.

All diese festgelegten Prozesse sind nichts anderes als fundamentale Vermögenswerte, Ressourcen eines Unternehmens, und mit dem heutigen Stand der IT werden diese mehr und mehr automatisiert (vgl. Gabler Wirtschaftslexikon). So sind Schlüsselprozesse oder Maschinen heute größtenteils softwaregestützt, und diese Entwicklung macht auch vor der Abteilung Human Resources nicht halt. Wobei gerade diese gerne sich selbst überlassen werden (mit Ausnahme der Lohnbuchhaltung). Es gibt also durchaus noch viel Potenzial für den Einsatz IT-gestützter Tools im Personalwesen, denn gerade hier liegen immense Ressourcen zur Steigerung des Wohlbefindens der Mitarbeiter.

Womit auf der Hand liegt, dass erneut mehrere Bausteine den Buchstaben O des CORE Prinzips formen:

- **Systemdaten:** Oft geht es hier um grundlegende allgemeine Informationen. Wobei im Sinne des Datenschutzes zwischen öffentlich einsehbaren und geschützten Daten unterschieden werden muss. Vernünftige ERM-Lösungen geben Mitarbeitern die Chance, Datensichtbarkeit selbst regeln zu können. Wie sie heißen, wie man sie telefonisch und per Mail erreichen kann, wo sie angesiedelt sind und ihre Einordnung in die Unternehmensstruktur sollte jedoch für alle eindeutig erkennbar sein. Informationen über das Eintrittsdatum, die Personalnummer, den Tätigkeitsstatus oder das Ausmaß der vereinbarten Arbeitszeit sind interessant, aber nicht unbedingt öffentlich relevant. Allgemeine Informationen sind somit berufliche Daten und geben Aufschluss über die Eingliederung im Unternehmen. Diese Daten dienen Mitarbeitern zur Information und Orientierung beim Suchen und Finden von Personen. Sie werden von den zuständigen Personen im Personalmanagement angelegt und gepflegt. Sensible Informationen sehen und bearbeiten zu können ist lediglich Mitarbeitern des Personalmanagements zuzugestehen wie auch den jeweiligen Mitarbeitern. Kollegen im Unternehmen sehen diese Informationen nicht. Im persönlichen Datenbereich können Infos wie die private Adresse, eine private E-Mail-Adresse oder Telefonnummer erfasst sein. Zusätzlich geht es um Informationen zum höchsten Ausbildungsabschluss mit Hinweisen zum Fachbereich und Institut, um Staatszugehörigkeit, Geburtsdatum und -ort, Familienstand oder Religionszugehörigkeit. Befähigungsdokumente oder Informationen über Angehörige (Einbindung in interne Kommunikation) finden hier ebenso Platz. Auch private Interessensgebiete (evtl. interessant im Wissensmanagement) oder Accounts auf Social Media-Plattformen können dokumentiert oder hinterlegt werden. Die Profile der Mitarbeiter erfassen Kenntnisse sowie Schlüsselqualifikationen mit jeweiligen Kompetenzgraden und dokumentieren auch Softwarekenntnisse. Zur Abrundung bietet sich auch noch die Erfassung des Equipments und Inventars an, das Mitarbeitern zur Ausübung ihrer Tätigkeit zur Verfügung gestellt wird. Was man nicht für möglich halten möchte, ist in vielen Organisationen Alltag: Oft ist in großen Unternehmungen die Sammlung von Stammdaten ihrer Mitarbeiter auf Rudimentäres beschränkt. Name, Sozialversicherungsnummer, Bankverbindung. Weitere Informationen fehlen meist. Simple Vorhaben wie das Aussenden einer Mitarbeiterzeitung an die Heimadresse scheitern am Nichtvorhandensein dieser.

- **Ziele:** Im Rahmen der Vision Enterprise®-Projekte arbeite ich seit Jahrzehnten mit Zielsystemen. Sie sind mit der Politik – der Arbeitgebermarke – zu definieren. Ziele sind zumeist messbar und werden durch Maßnahmen erreicht. Eine durchgängige Zielhierarchie spannt in einer Unternehmung den Bogen von der Vision (in der Philosophie definiert) über strategische Ziele (das heißt unternehmenspolitische Bekenntnisse) bis zu Unternehmenszielen, untergeordneten qualitativen und quantitativen Zielen je Fachbereich und persönlichen Zielen (im Mitarbeiterentwicklungsgespräch festgelegt). Ein Ziel braucht zumindest einen Zielinhalt, einen zeitlichen und eventuell weiteren qualitativen Messparameter und einen Eigentümer, der sich innerhalb der Organisation um die Zielerreichung kümmert. Die schon erwähnte Messbarkeit ist hier ein Schlüsselfaktor: Je messbarer ein Zielinhalt ist, desto weniger Spielraum eröffnet sich bei der Feststellung und Überprüfung der Zielerreichung. Spielraum oder Flexibilität sind an sich nicht als negativ zu bewerten, aber gerade bei Zielsystemen stellt ein flexibles Bewertungssystem eine unmittelbare Gefahrenquelle dar – ob ein Ziel erreicht wurde oder nicht, muss mit einem klaren „Ja" oder „Nein" beantwortet werden können. Nur, wenn man den Status quo eines zu verfolgenden Ziels zu jeder Zeit genau überprüfen kann, kann auch festgestellt werden, ob es erreicht worden ist, in absehbarer Zeit (oder später) erreicht werden kann und, wenn ja, unter welchen Umständen, oder ob das anvisierte Endergebnis möglicherweise nicht mehr aktuell und somit abzuschreiben ist (Heinen 1992, S. 99). Eine gute und effiziente ERM-Lösung dokumentiert alle Ziele und ermöglicht auch den Zieleignern gemeinsam mit ihren Vorgesetzten die Dokumentation des Zielerreichungsgrads. In vielen Unternehmungen werden Ziele definiert, seltener aber evaluiert und systematisch erfasst. Sie verzichten damit auf Mehrwert.

- **Landkarten:** Wer ist wofür zuständig und wo finde ich diese Person? Eigentlich verrückt, aber bereits in Organisationen mit mehr als zehn Mitarbeitern ist das oft gar nicht mehr so eindeutig nachvollziehbar. Je größer die Einheit, desto mehr Zeit verlieren Menschen auf der Suche nach den richtigen internen Ansprechpartnern. IT-gestützt kann das massiv erleichtert werden. Auch die Erfüllung gesetzlicher Vorgaben über die Dokumentation von Fluchtwegen, Brandmeldern, Feuerlöschern, Defibrillatoren und auch das Verzeichnis von Mülltrennsystemen machen Sinn.

- **Inventar:** Welche Werkzeuge, technischen Hilfsmittel, Autos oder auch Dinge wie Kreditkarten oder Schlüssel wurden an welche Mitarbeiter dauerhaft oder kurzfristig ausgegeben? Auch hier zeigt die Erfahrung, dass viel Zeit für das Suchen aufgewandt wird oder auch Dinge nicht wieder auffindbar sind. Eigentlich sind es Kleinigkeiten, die dennoch die Beziehung zwischen Arbeitgebern und Mitarbeitern und Kollegen untereinander belasten oder entlasten können. Verfügbarkeiten werden gesichert, Ressourcen werden geschont, Unstimmigkeiten aufgrund von Missverständnissen vermieden.

Findige ERM-Entwickler werden beim Thema Organisation noch zahlreiche weitere Lösungsmöglichkeiten entdecken. Doch Vorsicht! Hier besteht die Gefahr, dass man aufgrund der Möglichkeiten über das Ziel hinausschießt. Es geht bei ERM nicht darum, in Schlüsselprozesse einzugreifen, sondern sich wirklich auf Serviceprozesse zu konzentrieren. ERM ersetzt keinesfalls Zeiterfassung, Lohnbuchhaltung, Arbeitsvorbereitung, Dokumentenmanagement oder Ähnliches. Man kann dazu Schnittstellen definieren, wenn zum Beispiel die ERM-Lösung bei den erfassten Stammdaten das führende System ist. Es soll aber nie zum reinen Handwerkszeug für die tagesaktuelle Arbeitsbasis werden. Der Ansatz von Mehrwert, Zusatznutzen, teilweise auch von „Nice to have", muss für den Mitarbeiter gesichert sein. Dann wirkt eine ERM-Lösung sinnstiftend und motivierend.

2.4 Recreation – von der betrieblichen Gesundheitsvorsorge bis zum Mitarbeitershop und Veranstaltungsmanagement

Im Zusammenhang mit Arbeit von Recreation zu sprechen, treibt heute Arbeitgeber immer noch Angst- und Schweißperlen auf die Stirn. Umgekehrt sind physisch und psychisch gesunde Mitarbeiter die Grundvoraussetzung für wertvolle Human Resources. Auch in hochentwickelten Industrieländern wird diese Sorge um das körperliche und seelisch-geistige Wohlbefinden zunehmend privatisiert. Die Formel ist einfach: Ist der Mensch gesund, ist die Unternehmung gesund. Fühlt sich der Mitarbeiter wohl, ergeht es dem Arbeitgeber wohl.

Ein vorbildlicher Gesundheitszustand der Mitarbeiter wirkt sich speziell auf einen Faktor eines Unternehmens besonders aus, dessen Wichtigkeit wir bereits ausgiebig besprochen haben: die Resilienz. Um vorsorglich in die Gesundheit der Mitarbeiter zu investieren, stehen dem Arbeitgeber in der heutigen Zeit verschiedenste Instrumente zur Verfügung – gezielte Work-Leisure-Programme, gesunde und nachhaltige Mahlzeiten in der Firmenküche, betriebliche Angebote wie Gesundheitschecks, Sportanlagen, Fitnessräume, psychologische Beratung, um nur einige wenige zu nennen. Auch öffentliche Gesundheitseinrichtungen oder Krankenkassen haben diesen Trend zu einem gesunden und nachhaltigen Lebensstil bereits erkannt und unterstützen vielfach Unternehmungen bei ihren Bemühungen zur betrieblichen Gesundheitsvorsorge.

Beobachtungen haben gezeigt, dass gerade firmeninterne Angebote zur körperlichen Ertüchtigung nicht nur von Mitarbeitern sehr gerne angenommen werden, sondern auch diejenigen Leistungsbereiche sind, in welche sich Arbeitgeber am häufigsten einbringen. Nur am Rande sei hier der teamstärkende Faktor jeglicher Mannschaftssportarten erwähnt.

Recreation innerhalb des CORE Prinzips integriert vor allem folgende Bausteine:

- **Merchandising:** Auch Employer Branding hat wie jede Markenbildung mit äußeren Zeichen zu tun. Bei Marken wie Atomic oder Salomon ist es naheliegend, dass Mitarbeiter gerne auf die unternehmenseigenen Produkte zurückgreifen, wenn sie stolz auf ihre Unternehmung sind. Bei klassischen Business-to-Business-Organisationen ist eine eigene Lauf- oder Skikollektion für Mitarbeiter und deren Familienangehörige schon eher ungewöhnlich. Und dennoch gibt es das. Die schon erwähnten Unternehmen FACC oder FILL Maschinenbau beispielsweise bieten ihren Mitarbeitern derartige Kollektionen – hochwertige Produkte dezent gebrandet und hoch attraktiv im Preis. Mit einer vernünftigen Software für einen Shop haben wir bereits den nächsten Baustein einer attraktiven ERM-Lösung. Man kann natürlich mittels Schnittstellen die Abrechnung über das Lohnverrechnungskonto ziehen. Muss aber nicht sein.
- **Kantine:** Das Thema gesunde Ernährung ist relevant. Alleine die Tatsache, geregelte Mahlzeiten sicherstellen zu können, steigert den Gesundheitsgrad. Umfangreiche Shop-Lösungen können das Essensmanagement ebenfalls unterstützen.
- **Eventmanagement:** Wobei wir auch hier das Ticketing mit einer innovativen ERM-Shop-Lösung gut begleiten können. Nicht nur die Anmeldung zur Weihnachtsfeier, für den Skiausflug oder den Familientag kann man derart unterstützen. Moderne Arbeitgeber machen auch für Special-Interest-Gruppen unternehmensgestützte Veranstaltungen, fahren zu Heavy-Metal-Konzerten mit ihren Auszubildenden oder gehen mit den 30-Jährigen und deren Partnern übers Wochenende Wandern.

- **Loyalitätsprogramm:** Mitarbeiterclubs in Anlehnung an Kundenloyalitätsclubs erfahren mit ERM ebenso ihre sinnhafte Unterstützung. Eine eigene Mitarbeiterkarte kann bei Merchandising und Events Vergünstigungen oder Berechtigungen bescheren.
- **Betriebsarzt:** Ein sehr privatimer Bereich von ERM. Wenn Mitarbeiter wollen, kann man alle Termine für Vorsorgeuntersuchungen oder notwendige Impfungen (nicht nur für international Reisende) planen, erinnern und dokumentieren. Ist der angebotene Service praktisch und sinnhaft, wird er auch gerne angenommen, denn Convenience gewinnt. Auch betriebliche Blutspendeaktionen oder Fitnessprogramme können hier integriert werden. Gerade in diesem Bereich ist aber auf die Privatsphäre des Einzelnen ganz besonders zu achten. Die enge Kooperation mit Betriebsärzten ist Grundvoraussetzung.

Die Information über diese Services läuft jedoch nicht auf diesen Modulen, sondern auf den entsprechenden internen Informationsplattformen. Extern wird das Angebot derartiger Leistungen seitens der Arbeitgeber sehr gerne in der regionalen Pressearbeit eingesetzt und auch öffentlich angenommen.

2.5   Expert – vom Bewerbermanagement über die Unternehmensakademie bis zum Wissens- und Ideenmanagement

Arbeitgeber brauchen Experten. Mitarbeiter wollen welche sein. Alles, was dazu beiträgt, Experten zu finden, zu entwickeln, deren Wissen zu nutzen und auszubauen oder neue Ideen zu fördern, steigert den Unternehmenserfolg und motiviert Mitarbeiter. Das heißt, dass auch hier wieder beide Seiten innerhalb einer Organisation profitieren.

Relevante Eckpfeiler des „E" im CORE Prinzip sind Bewerbermanagement, Weiterbildung, Wissensmanagement oder Ideenmanagement mit IT-Support. Auch hier greift modernes Employee Relationship Management auf Bausteine aus der Personal- und Organisationsentwicklung zurück.

2 **Bewerbermanagement:** „Im Personalwesen spielt der gezielte Umgang mit Bewerbern eine wichtige Rolle. Erfolgreiches Bewerbermanagement soll zum einen Zeit- und Kostenersparnis erbringen und zum anderen die Außendarstellung des Unternehmens verbessern, um so die talentiertesten und qualifiziertesten Mitarbeiter für sich gewinnen zu können. Professionelle Human-Resources-Software unterstützt das Bewerbermanagement, indem es beispielsweise Werkzeuge für die Vorauswahl der geeigneten Kandidaten bereitstellt oder einen Abgleich mit Social-Media-Netzwerken wie Xing und Facebook ermöglicht" (SoftSelect). Wesentlich ist demnach die professionelle Prozessunterstützung für die Human-Resources-Abteilung.

Professionelles Rekrutieren heißt, offene Stellen zu besetzen, aber auch Mitarbeiter professionell aus dem Unternehmen zu begleiten. In beiden Fällen steht die Reputation der Arbeitgebermarke besonders im Rampenlicht individueller Aufmerksamkeit, beispielsweise wenn sich gekündigte Mitarbeiter „Luft" über ihre ehemaligen Arbeitgeber machen oder wenn Mitarbeiter durchblicken lassen, dass sie eine Rückkehr in das Unternehmen, aus dem sie ausgeschieden sind, ins Auge fassen. Den Recruiting-Prozess kann man natürlich bestens mit IT unterstützen. Das beginnt mit der Gestaltung der Ausschreibungen (Text- und Grafikvorlagen für Inserate), Marketingautomation (automatisierter E-Mail-Versand beim Antwortenmanagement), Weiterleitung an Entscheider, Zusage- und Absagebeantwortung, Überleitung der Daten in die Stammdaten oder ins Evidenzsystem. Man sollte über die ERM-Lösung intern aber auch gut Jobprofile abgleichen und suchen können. Bei größeren Unternehmungen sind IT-Lösungen zur Prozessunterstützung fast selbstverständlich. Warum? Sie kommen Beschaffungsprozessen sehr nahe. Darin liegt auch eine Gefahr. Man kann und soll Menschen nicht wie Maschinen behandeln. Jeder Kontakt mit einem potenziellen Mitarbeiter birgt die Chance zur viralen Markenbildung – auch wenn der Einzelne das Jobangebot nicht annehmen sollte, da schon die Bewerbung an sich zeigt, dass das Unternehmen immerhin als attraktiver Arbeitgeber eingeschätzt wurde. Es gibt übrigens auch Lösungen, die die Qualifikation von Menschen effizient evaluieren. Als IT-basiertes Beispiel sei hier die profilingvalues-Methode von Dr. Uli Vogel genannt. Der deutsche Wertewissenschafter und Experte hat sich dafür die Axiologie des deutschen Wertewissenschafters

Robert S. Hartman zunutze gemacht und misst online, was ein Mensch kann und was er will. Das von ihm erstellte Hartman Value Profile (HVP) liefert erstmals eine Methode, sehr persönliche und wesenhafte Werte wie das Können und das Wollen einer Person in Zahlen zu messen. Diese Messung hilft dem Unternehmen und Personalern, potenzielle Arbeitnehmer umfassend einschätzen zu können – ein nicht unerheblicher Risikofaktor im Personalwesen, der so minimiert werden kann (Vogel und Wenzel 2012, S. 7–8).

- **Weiterbildung:** Das Stichwort hier ist „Humankapital". Wer sind die Mitarbeiter eines Unternehmens und vor allem, was können sie? Unternehmen, die wettbewerbsfähig bleiben wollen, müssen über hoch qualifizierte Mitarbeiter verfügen und in diese Qualifikationen auch gegebenenfalls in Form von Weiterbildung investieren. Diese Investition zahlt sich nicht nur in der Produktivität aus. In den Arbeitsmarkt kommunizierte Programme oder Maßnahmen zur Weiterbildung stellen zugleich einen großen Attraktivitätsfaktor als Arbeitgeber dar. Die Möglichkeit zur Weiterbildung spricht den Wunsch der Arbeitnehmer an, selbst ihre Wettbewerbsfähigkeit am Arbeitsmarkt erhalten zu wollen. Sie werden sich im Zweifelsfall garantiert für das Unternehmen entscheiden, das Seminare, Schulungen oder gar ganze Ausbildungen anbietet (Bader 2012, S. 46). Wissensmanagement betrifft aber natürlich nicht minder auch die bestehenden Mitarbeiter – und zwar auf allen Hierarchieebenen. Je mehr Mitarbeiter über „aktuelles" Wissen verfügen, desto besser für das ganze Unternehmen (Groth 2014). Idealerweise verknüpft man nun

Instrumente wie das Mitarbeiterentwicklungsgespräch mit Funktionsbeschreibungen und einer eigenen Unternehmensakademie für Mitarbeiter. Das Planen und Durchführen von Weiterbildungsveranstaltungen kann hier ebenfalls erleichtert werden wie auch das über Jahre geplante gezielte Weiterentwickeln von Menschen entsprechend ihrer Funktionen und Aufgabenstellungen sowie ihrer persönlichen Eigenschaften und Schlüsselqualifikationen.

- **Wissensmanagement:** Wie bewahrt und aktualisiert ein Unternehmen Wissen, das es in Form seiner Mitarbeiter bereits hat? Es muss bewusst ein Umfeld für den Wissenstransfer zwischen den einzelnen Mitarbeitern geschaffen werden, idealerweise verfügen Teams über eine hohe Diversität: Ältere Mitarbeiter können jüngeren ihr Wissen weitergeben, jüngere Mitarbeiter können aktuelles Wissen einbringen, Mitarbeiter verschiedener Kulturen können einander neue Sichtweisen eröffnen. Diese Form von Wissensmanagement lässt sich bewusst gestalten, indem das vorhandene Wissen einzelner Mitarbeiter anerkannt wird und diese ermutigt werden, ihr Wissen weiterzugeben. Besonders ältere Mitarbeiter können verstärkt mit Ausbildung, Mentoring und Beratung betraut werden, vor allem dann, wenn eventuelle körperliche Schwierigkeiten auftreten – dies hat natürlich den positiven Nebeneffekt, dass gegebenenfalls noch sehr motivierte ältere Arbeitnehmer lange beschäftigt werden können (DIHK 2014, S. 21). Ich verstehe unter Wissensmanagement jedoch nicht nur den Erhalt, die Weitergabe oder möglicherweise den Input des einen oder anderen Neuen. Erst durch Vernetzung von altem und neuem Wissen und die Kombination von Erfahrung werden Denkansätze erzeugt, und es können neue Ideen und Innovationen entstehen. In jedem Fall ist es wichtig, Menschen zugunsten des Austauschs von Wissen zum Kommunizieren anzuregen. Aus diesem Grund sollten ERM-Lösungen personenorientiertes Wissensmanagement fördern. Wikipedias gibt es bereits genug, in denen man verschlagwortetes Datamining betreiben kann. Die Gefahr hierbei besteht jedoch darin, dass im Bedarfsfall immer schnell etwas nachgeschlagen werden kann – dies trägt nicht gerade dazu bei, Informationen welcher Art auch immer im Langzeitgedächtnis zu verankern. Erst, wenn Neugierde und Interesse ins Spiel kommen, kann dies geschehen, und es ist unter anderem auch Aufgabe der Personalmanager, diese Neugierde zu wecken. Wenn diese durch einfaches Fragen bei Wissensträgern gestillt werden kann, ist das die effizienteste und effektivste Form von Wissensmanagement. Ganz nebenbei ist gerade dieser Ansatz ein wichtiger Hinweis, dass IT-Systeme die sinnhafte menschliche Vernetzung stützen müssen. Sie dürfen kein Selbstzweck werden.

- **Ideenmanagement:** Ob KVP (kontinuierlicher Verbesserungsprozess), Kaizen (der Begriff stammt aus dem Japanischen und heißt übersetzt „Veränderung zum Besseren" – es handelt sich hierbei, auf das Wesentliche heruntergebrochen, um die Grundlage des KVP) oder BVW (Betriebliches Vorschlagswesen) – alle Methoden oder Begriffe zielen auf die Förderung von Innovationen zur Optimierung von Produkten, Dienstleistungen oder Prozessen ab. Innovationsmanagement ist die systematische Planung, Steuerung und Kontrolle von Innovationen in Organisationen. Im Unterschied zur Kreativität, die sich mit der Entwicklung von Ideen beschäftigt, ist Innovationsmanagement auch auf die Verwertung von Ideen bzw. deren Umsetzung in wirtschaftlich erfolgreiche Produkte bzw. Dienstleistungen ausgerichtet. Das Management von Innovationen ist Teil der Umsetzung der Unternehmensstrategie und kann sich auf Produkte, Dienstleistungen, Fertigungsprozesse, Organisationsstrukturen und Managementprozesse beziehen. In der Praxis beginnt jedes Projekt zum Thema Innovationsmanagement mit heißen Diskussionen zum Verständnis von Innovation. Ich habe hier die Erfahrung gemacht, dass unter Mitarbeitern der Begriff der Idee weniger Definitionsbedarf aufwirft, und spreche synonym deshalb gerne vom Ideenmanagement. Unabhängig davon ist in der Praxis die systematische Vorgehensweise relevant, die sich in drei Phasen einteilen lässt: die Impulsphase, die Bewertungsphase und die Transferphase. In allen drei Phasen können IT-Lösungen unterstützen. Deshalb nehme ich das Ideenmanagement in den ERM-Baukasten auf.

2.6   Werkzeuge des CORE Prinzips auf den Punkt gebracht

Das CORE Prinzip versammelt viele Werkzeuge der Kommunikation, Führung oder Organisation eines Unternehmens. Die meiner Meinung nach derzeit bedeutendsten habe ich den vier Säulen des CORE Prinzips zugeordnet:

- **C wie Communication:** IT-Supports für Information (Intranet), Diskussion (Foren, Blogs), Feedback (Mitarbeiterbefragungen), Mitarbeitergespräche, Tagesstarts oder Lösungen für Firmenfernsehen machen die CORE Säule Communication schon sehr rund.

- **O wie Organisation**: Die CORE Säule Organisation liefert im Mitarbeiterbeziehungsmanagement praktische IT-gestützte Lösungen für Stammdaten, Zieleverfolgung, Landkarten (Gebäudepläne, Fluchtpläne) oder Inventarsteuerung.

- **R wie Recreation:** IT-gestützte Lösungen für unternehmensinternes Merchandising, Eventmanagement, Kantine, Loyalitätsprogramme und betriebsärztliche Dienste formen das Modul Recreation im Employee Relationship Management.

- **E wie Expert:** Bewerbermanagement, Weiterbildung, Wissensmanagement oder Ideenmanagement mit IT-Support sind relevante Eckpfeiler der Expertsäule eines modernen ERM.

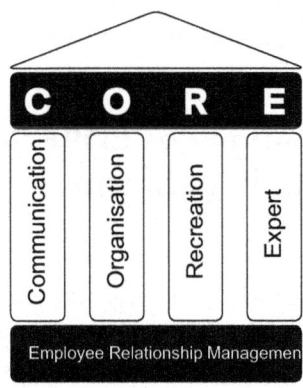

Bei ERM geht es um Prozesse, die nicht die Kernprozesse eines Unternehmens darstellen. Wir sprechen über Support-Prozesse, die Mitarbeitern in jeder organisatorischen Einheit das Leben erleichtern, üblicherweise Fluktuation und Krankenstand senken, die Motivation und somit Leistungsbereitschaft steigern und damit wiederum den Erfolg eines Unternehmens sehr gut stützen können. Da das ERM nicht die Kernprozesse trifft, wird es in vielen Unternehmen bisher oft vernachlässigt. Erst der Engpass bei der Ressource Mensch hat zu einem Umdenken geführt. Die Vielfalt und Komplexität der Aufgaben schreckt teilweise Unternehmen wieder ab. Sie setzen deshalb auch oft nur in Teilbereichen CORE Bausteine um. Neue IT-gestützte Lösungen fördern jedoch die Einstiegsbereitschaft von Unternehmen in umfassendere Ansätze des CORE Prinzips.

Literatur

Verwendete Literatur

Bader, Bernadette: Werte als kritische Erfolgsfaktoren im Zusammenleben von Unternehmen und ihren ArbeitnehmerInnen. Werte auf den Ebenen der Unternehmenskultur, des Employer Branding und der Ethik. Diplomarbeit, Alpen-Adria-Universität, Klagenfurt, 2012.

Brennecke, Julia 2014. Informelle Netzwerke im Unternehmen: Risiken erkennen, Potenziale nutzen. *PERSONALquarterly. Wissenschaftsjournal für die Personalpraxis* 02:10–17.

DIHK – Deutscher Industrie- und Handelskammertag 2014. *Fachkräftesicherung – Unternehmen aktiv.*

DIHK-Arbeitsmarktreport. Ergebnisse einer DIHK-Unternehmensbefragung 2013/2014. Berlin: DIHK.

Felix, Dagmar, und Wolfgang Schütte (Hrsg.). 2011. *Medizinische Innovation im Krankenhaus. Steuerung und Finanzierung*. Münster: LIT.

Groth, Julia 2014. Wie die Pinguine. [Human Resources Manager, Kategorie Personalmanagement. http://www.humanresourcesmanager.de/ressorts/artikel/wie-die-pinguine-10277 (Erstellt: 27. Okt. 2014). Zugegriffen: 26. Nov. 2014

Hamel, Gary, und Liisa Välikangas. 2003. *The Quest for Resilience. Harvard Business Review*. Boston: Harvard Business School Publishing Corporation.

Heinen, Edmund 1992. *Einführung in die Betriebswirtschaftslehre*. Wiesbaden: Springer Gabler Verlag.

Horx, Matthias 2013. *Zukunft wagen. Über den klugen Umgang mit dem Unvorhersehbaren*. München: DVA Verlag.

Justen, Kathrin 2014. Enterprise 2.0 ist kein Fremdwort mehr. Human Resources Manager, Kategorie HR und IT. http://www.humanresourcesmanager.de/ressorts/artikel/enterprise-20-ist-kein-fremdwort-mehr (Erstellt: 16. Mai 2013). Zugegriffen: 12. Nov. 2014

Lochmann, Barbara 2014. Feedback und Reflexion. Human Resources Manager, Gastbeitrag. http://www.humanresourcesmanager.de/ressorts/artikel/feedback-und-reflexion (Erstellt: 9. Dez. 2013). Zugegriffen: 12. Nov. 2014

Österreichisches Institut für Wirtschaftsforschung 2014. *Fehlzeitenreport 2014*. Wien: Österreichisches Institut für Wirtschaftsforschung.

Saaman, Wolfgang 2014. Abschied von Vertrautem. Human Resources Manager, Gastbeitrag Kategorie Personalmanagement. http://www.humanresourcesmanager.de/ressorts/ artikel/abschied-von-vertrautem-10083 (Erstellt: 17. Okt. 2014). Zugegriffen: 24. Nov. 2014

Scharnhorst, Julia 2012. *Burnout. Präventionsstrategien und Handlungsoptionen für Unternehmen.* Freiburg: Haufe-Lexware.

Schoiswohl, Martin: Die interne Öffentlichkeitsarbeit bei Kreditinstituten am Beispiel der Oberösterreichischen Raiffeisen-Zentralkasse. Dissertation zur Erlangung des Doktorgrades, Geisteswissenschaftliche Universität Salzburg, Salzburg 1986.

Siems, Florian U., Manfred Brandstätter, und Herbert Gölzner (Hrsg.). 2008. *Anspruchsgruppenorientierte Kommunikation. Neue Ansätze zu Kunden-, Mitarbeiter- und Unternehmenskommunikation. Wiesbaden: GWV Fachverlage* Europäische Kulturen in der Wirtschaftskommunikation, Bd. 12

Softselect: Seite „Bewerbermanagement". Online unter: http://www.softselect.de/business-software-glossar/ bewerbermanagement. Zugegriffen: 18.02.2015.

Springer Gabler Verlag (Hrsg.): Gabler Wirtschaftslexikon, Stichwort: Geschäftsprozesstechnologie. Online unter: http://wirtschaftslexikon.gabler.de/Definition/ geschaeftsprozesstechnologie.html. Zugegriffen: 24.11.2014.

Springer Gabler Verlag (Hrsg.): Gabler Wirtschaftslexikon, Stichwort: Interne Kommunikation. Online unter: http://wirtschaftslexikon.gabler.de/Definition/interne-kommunikation.html. Zugegriffen: 11.11.2014.

Springer Gabler Verlag (Hrsg.): Gabler Wirtschaftslexikon, Stichwort: Wissensmanagement. Online unter: http:// wirtschaftslexikon.gabler.de/Definition/wissensmanagement. html. Zugeriffen: 26.11.2014.

Stritzke, Christoph 2010. *Marktorientiertes Personalmanagement durch Employer Branding*. Wiesbaden: Gabler Verlag.

wirtschaftlexikon24.com. 2014: Stichwort „Personalorganisation". Online unter: http://www.wirtschaftslexikon24.com/d/personalorganisation/personalorganisation.htm. Zugegriffen: 26.11.2014.

Vogel, Ulrich, und Petra Wenzel. 2012. *Inneres Werten messen. Gutes sichtbar machen. Werte-Diagnostik mit profilingvalues*. Bad Steben: bibliothek Verlag.

Weis, Hans Christian 1977. *Marketing*. Ludwigshafen: Friedrich Kiehl.

WKO Außenwirtschaft Österreich: Japan Geschäftsleben. Außenhandelsstelle Tokio, Juni 2010.

Weiterführende Literatur

Bröckermann, Reiner, und Werner Pepels. 2013. *Handbuch Personalbindung* Das neue Personalmarketing – Employee Relationship Management als moderner Erfolgstreiber, Bd. 3. Berlin: BWV.

Günther, Elmar. 2009. *Klimawandel und Resilience Management. Interdisziplinäre Konzeption eines entscheidungsorientierten Ansatzes*. Wiesbaden: Springer Gabler.

Hockling, Sabine 2014. In der Firma der Zukunft reden alle mit allen. Zeit Online, Kategorie Beruf, Serie „Chefsache". http://www.zeit.de/karriere/beruf/2013-12/chefsache-unternehmenskommunikation (Erstellt: 10. Jan. 2014). Zugegriffen: 12. Nov. 2014

Kronhuber, Hans 1972. *Public Relations. Einführung in die Öffentlichkeitsarbeit*. Wien, Köln, Graz: Böhlau.

Oeckl, Albert 1976. *PR-Praxis: Der Schlüssel zur Öffentlichkeitsarbeit*. Düsseldorf, Wien: Econ Verlag.

Wieland, A.; Wallenburg, C.M.: The influence of relational competencies on supply chain resilience: a relational view. In: International Journal of Physical Distribution & Logistics Management. Vol. 43/Nr. 4, S. 300. Im Original: „the ability of a [system] to cope with change".

3

Das CORE Prinzip am Beispiel eines vielfachen Technologie- und Weltmarktführers

3.1 FILL im Hot Spot! Innviertel

„Ich selbst bin kein Maschinenbauer. Mein Job ist es, Menschen bestmöglich zu entwickeln, damit sie schlussendlich die besten Maschinen der Welt bauen." Mit dieser Einstellung hat Andreas Fill im Jahr 2000 die Führung des elterlichen Betriebes übernommen. Ich durfte ihn seither mit meinem Team als Berater und Kommunikationsumsetzer begleiten. In diesem Prozess ist das CORE Prinzip entstanden, das heute als Standard für modernes Employee Relationship Management betrachtet werden kann. Der gesamte Prozess wurde regelmäßig mit qualitativer Meinungsforschung und statistischen Beobachtungen begleitet. Die Zahl der Mitarbeiter hat sich seither etwa verdreifacht. Die Bewerberstatistik liegt heute beim sechsfachen Wert im Vergleich zum Beginn des neuen Jahrtausends. Die durchschnittliche Fluktuation liegt 50 Prozent unter dem österreichischen Schnitt, die Krankenstandszeiten 30 Prozent darunter. „Employee Relationship Manage-

© Springer Fachmedien Wiesbaden 2016
M. A. Schoiswohl, *Vernetze Mitarbeiter, stifte Sinn*,
DOI 10.1007/978-3-658-06334-4_3

ment nach dem CORE Prinzip ist für mich der langjährige Zentralschlüssel zu dieser sehr erfreulichen Unternehmensentwicklung", so kommentiert es Andreas Fill.

1966 als Ein-Mann-Schlosserei gegründet, ist FILL heute ein international führendes Maschinen- und Anlagenbauunternehmen für verschiedenste Industriebereiche. Modernste Methoden in Management, Kommunikation und Produktion zeichnen das Familienunternehmen aus. Die Geschäftstätigkeit umfasst die Bereiche Metall, Kunststoff und Holz für die Automobil-, Luftfahrt-, Windkraft-, Sport- und Bauindustrie. In der Aluminium-Entkerntechnologie sowie für Ski- und Snowboard-Produktionsmaschinen ist das Unternehmen Weltmarktführer. 80 Prozent aller europäischen Automobile haben Teile eingebaut, die auf einer FILL-Maschine gefertigt wurden. In 40 Prozent aller Länder stehen Produktionsmaschinen des Unternehmens. Die Exportquote liegt bei knapp 90 Prozent. 20 Prozent der Mitarbeiter sind mehr als 20 Jahre im Unternehmen beschäftigt. Der Durchschnitt liegt bei 15 Jahren, das Durchschnittsalter bei 31 Jahren, die Frauenquote bei knapp 20 Prozent, die Fluktuation unter 3,5 Prozent.

Andreas Fill und Wolfgang Rathner sind Geschäftsführer des Unternehmens, das sich zu 100 Prozent in Familienbesitz befindet. Der Betrieb wird seit 1987 als GmbH geführt, wurde 1997 ISO 9001 zertifiziert und beschäftigte 2015 mehr als 600 Mitarbeiter. Sechs Prozent des Umsatzes werden für die Entwicklung neuer Produkte aufgewendet. Ungewöhnlich hohe drei Prozent fließen in den Bereich Mitarbeiterbeziehungsmanagement inklusive Trainings.

FILL gilt heute als Anbieter bester Industriearbeitsplätze und nimmt die Rolle eines vorbildlichen Arbeitgebers ein.

Das Unternehmen ist Träger zahlreicher Auszeichnungen und Preise für Corporate Social Responsibility, Familienintegration, Mitarbeiterentwicklung, Ideenmanagement, Gesundheitsförderung und Unternehmenskultur.

Das Maschinenbauunternehmen unterhält Tochterfirmen in China und Mexiko. Der zentrale Unternehmensstandort Gurten liegt im oberösterreichischen Innviertel. Oberösterreich ist Österreichs wichtigster Industriestandort. Das Innviertel beherbergt die mitunter innovativsten Betriebe. Doch in dieser Region tobt der Kampf um qualifizierte Mitarbeiter ganz besonders stark. Der demografische Wandel, rückläufige Bevölkerungszahlen sowie der Trend zur Abwanderung in Ballungszentren beeinflussen die Zukunfts- und Wettbewerbsfähigkeit ländlicher Regionen. Diese Entwicklung macht auch vor dem Innviertel nicht halt. Dabei hat die Region viel zu bieten: innovative Betriebe mit vielfältigen Möglichkeiten, kombiniert mit hoher Lebensqualität. Die zentrale Lage im Herzen Europas ist ein weiteres Plus. Die Initiative Hot Spot! Innviertel will der Abwanderung junger Menschen entgegenwirken, neue qualifizierte Fachkräfte mit ihren Familien ins Innviertel ziehen und somit die Region nachhaltig stärken.

Andreas Fill ist Mitinitiator und Sprecher der Initiative Hot Spot! Innviertel, die am 2. Dezember 2014 in der Wirtschaftskammer Braunau aus der Taufe gehoben wurde. Die rechtsunverbindliche Initiative vereint Unternehmen und Organisationen der drei Bezirke Braunau, Ried und Schärding in Oberösterreich. Sie wollen die Region als lebenswerte, attraktive Arbeitgeberregion positionieren. „Wir setzen auf proaktive Kommunikation und Networking", sagt der Sprecher der Initiative Andreas Fill. Er betont:

„Auch wenn wir als Unternehmer alle Mitbewerber um Arbeitskräfte sind, setzen wir auf die Gemeinschaft. Als starkes Netzwerk können wir unter Einbindung aller Lebens- und Wirtschaftsbereiche den Wirtschaftsstandort Innviertel international attraktiv und begehrt machen." Das Innviertel soll als Wohnregion, Wirtschaftsregion, Bildungsregion, Freizeitregion, Genussregion, Naturregion und Lebensregion gestärkt werden. Das zeigt, dass die Ressource Mensch wieder zentral in den Mittelpunkt des wirtschaftlichen Interesses rückt. Alle Lebensbereiche werden vernetzt und fokussiert auf die Bedürfnislage qualifizierter Arbeitskräfte vorangetrieben.

Die Initiative Hot Spot! Innviertel basiert auf den Erkenntnissen des Projektes „Kompass Demografie", das von der Wirtschaftskammer Oberösterreich und der Regionalmanagement Oberösterreich GmbH 2014 initiiert wurde. Vertreter zahlreicher Unternehmen und Organisationen haben dafür eine gemeinsame Strategie für die Bezirke Braunau, Ried und Schärding sowie gezielte Handlungsanregungen erarbeitet und konkrete Maßnahmen eingeleitet. „Kompass Demografie" wurde aus Mitteln der Europäischen Fonds für Regionale Entwicklung sowie aus Mitteln des Landes Oberösterreich gefördert.

Das Innviertel könnte sich in jeder hochentwickelten Industrieregion befinden. Initiativen wie Hot Spot! Innviertel konzentrieren sich vor allem auf das Halten bzw. Zurückholen von einheimischen Arbeitskräften. Real geht es jedoch um eine Attraktivitätssteigerung der Region, die Zuzug qualifizierter Menschen aus allen Teilen der Welt bewirken soll. So engagieren sich auch unterschiedliche regionale Einheiten zum Thema. Das Innviertel ist ein Teil von Oberösterreich. Hier hat im Jahr 2014 die Industriellenvereinigung eine Vision für das Bundesland entwickelt. Man wolle zu den Top-10-Industrieregionen Europas gehören, wobei Employee Relationship Management wichtiger Faktor zur Entwicklung einer gefestigten Standortresilienz sei. Derzeit rangiert Oberösterreich unter den Top 50 (das tatsächliche Ranking variiert je nach Parametern, die zur Bemessung herangezogen werden; ich beziehe mich hier auf Ergebnisse aus einem Strategieprojekt der Industriellenvereinigung Oberösterreich, das ich ebenfalls begleiten durfte).

„Für Mensch und Wirtschaft ist das Innviertel eine der begehrtesten Regionen in Mitteleuropa", formuliert die Initiative Innviertel ihre Vision für die Region. Die Leitidee lautet: „Das Innviertel macht Arbeit und Leben attraktiv." Der Wertekanon setzt auf „Bodenständigkeit, Innovation und Lebensqualität." Das Credo heißt: „Hot Spot! Innviertel." Eine klare Markenphilosophie für eine gesamte Arbeitgeberregion. Sie bildet auch das lokale und regionale Umfeld für unser Praxisbeispiel FILL, wobei dieses Unternehmen aufgrund seiner eigenen Entwicklung massiven Einfluss auf die regionale Entwicklung zu diesem Thema genommen hat.

Übernahmesituation und Zukunftsbild

Im Jahr 2000 hat Andreas Fill die Führung des Familienunternehmens von seinem Vater Josef übernommen. Im Herbst 2000 startete er ein Vision Enterprise®-Projekt. In Schritt 1 wurden Zahlen, Daten, Fakten recherchiert, in Schritt 2 Leitfadengespräche mit 22 Kunden und 21 Mitarbeitern geführt. Zusätzlich wurden alle 186 Mitarbeiter qualitativ anonym schriftlich befragt. 92 Antworten kamen zurück. In den Schritten 3 und 4 entstand in intensiver Diskussion mit den beiden Geschäftsführern und dem marketingverantwortlichen Mitarbeiter die heute noch gültige Leitidee des Unternehmens: „Wer die beste Lösung sucht, entwickelt gemeinsam mit FILL seine Zukunft." Schritt 5 waren zwei zweitägige Workshops mit Stellvertretergruppen von Mitarbeitern von FILL. Ein Workshop konzentrierte sich auf den Themenbereich Identität und Kommunikation, der zweite Workshop konzentrierte sich auf die Preis-, Produkt- und Vertriebspolitik. In Schritt 6 entstand das Konzept für die Philosophie, die Politik, Strategie und Taktik. Schritt 7 war den Diskussionspräsentationen mit der Geschäftsführung als Projektauftraggeber und den Workshop-Teilnehmern gewidmet. Schritt 8 dokumentierte die Ergebnisse in der Identiting Charta. Der Abschluss dieser legislativen Phase war gleichzeitig der Auftakt zu einer nachhaltigen Erfolgsgeschichte. In einer Betriebsversammlung im Frühjahr 2001 wurden alle Mitarbeiter über das Ergebnis des Vision Enterprise®-Projektes informiert. Der Startschuss zur exekutiven Phase war gesetzt. Das Unternehmen hatte bis zu diesem Projekt die Neuorientierung aller Unternehmensbereiche geplant. Wie stark letztendlich die Konzentration auf den Mitarbeiterbereich ausfiel, hat möglicherweise alle handelnden Personen überrascht. Diese Fokussierung auf den Menschen hält seither an und nimmt weiterhin zu. Letztendlich war die Auftaktveranstaltung am 1. März 2001 auch die Geburtsstunde des CORE Prinzips und die Grundsteinlegung für modernes Employee Relationship Management in dieser Form. Dass allein die Durchführung des Vision Enterprise®-Projekts als

Änderung der Unternehmenskultur von Mitarbeitern stark wahrgenommen wurde, zeigt eine Anmerkung eines Mitarbeiters auf einem schriftlichen Fragebogen: „Ich hoffe, der junge Chef versteht sein Geschäft. Oder muss ich mir Sorgen machen? Er fragt scheinbar alle seine Mitarbeiter, was er machen soll. Sein Vater hat das immer gewusst. Der musste uns nie fragen." Josef Fill hatte das Unternehmen 34 Jahre lang sehr erfolgreich mit schlanker Hierarchie geführt. Sohn Andreas Fill hat sehr früh erkannt, dass er für weiteres Wachstum neue Wege beschreiten muss, um das wertvolle Erbe seines Vaters erfolgreich fortsetzen zu können.

3.2   Das FILL Zukunftskonzept

Werfen wir einen Blick in das Zukunftskonzept von FILL Maschinenbau aus dem Jahr 2001. Es war damals als Unternehmensleitbild und Maßnahmenkonzept bezeichnet und wie folgt strukturiert:

- **Das Unternehmensleitbild:**

  - Vision und Mission
  - Grundsätze und Werte
  - Management und Strategie
  - MitarbeiterInnen und Qualität
  - Leistung und Märkte

- **Das Maßnahmenkonzept:**

  – PPP-Strategy
  – Communication intern
  – Communication extern

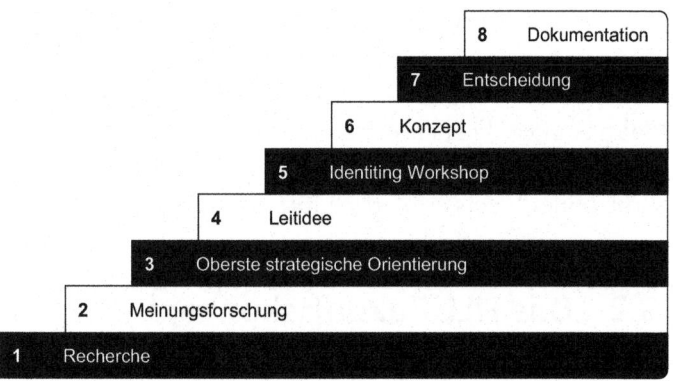

Nachfolgend ist nun das damalige Gesamtdokument wiedergegeben.

Das Unternehmensleitbild von FILL

- **Vision:** FILL Technik der Zukunft ist in seinen Tätigkeitsbereichen die international beste Ideenfabrik (technisch und menschlich) für Produktionssysteme. Dies erreichen wir in partnerschaftlicher Teamarbeit mit hochmotivierten MitarbeiterInnen. Modernste Technik und Methoden in Management, Kommunikation und Produktion unterstützen uns dabei.

- **Mission:** FILL Technik der Zukunft. Wir schaffen Maschinen nach Maß. Dafür nehmen wir weltweit zwei Führungspositionen in Anspruch: High Tech: Lösungen von

FILL setzen technische Maßstäbe. High Touch: Lösungen von FILL dienen dem Wohlbefinden des Menschen. Wer die beste Lösung sucht, entwickelt gemeinsam mit FILL seine Zukunft.

- **Credo:** FILL Technik der ZUKUNT. FILL Technology of the FUTURE. Go best.

- **Grundsätze und Werte:** Unsere Kunden begeistern wir mit innovativer Technologie, individuellen Lösungen, klar definierter Qualität, kurzen Reaktionszeiten, weltweitem Service, persönlicher Beratung und neuen Ideen. Unsere MitarbeiterInnen arbeiten selbstorganisiert und teamorientiert. Der offene Zugang zu Information und bereichsübergreifende Kommunikationsplattformen sind wichtig für ihren motivierten Einsatz für die Aufgabenstellung des Kunden. Unsere Vertriebspartner binden wir in die Unternehmensprozesse mit ein, damit sie am Markt die Unternehmenskultur von FILL unmittelbar erlebbar machen. Mit unseren Lieferanten streben wir im Sinne der Qualitätssicherung für unsere Kunden langfristige Kooperationen an. Unsere Geschäftsergebnisse erfüllen die Bedürfnisse unserer Eigentümer und schaffen die Grundlagen zur Weiterentwicklung des Unternehmens. Unsere Organisationsstrukturen unterstützen die bereichsübergreifende Teamorganisation. Zehn Werte bilden die Grundlage für all unser wirtschaftliches Tun: Vertrauen, Fairness, Sicherheit, Innovation, Harmonie, Verlässlichkeit, Verantwortung, Akzeptanz, Kompetenz, Toleranz.

- **Management und Strategie:** Das Management entwickelt in Abstimmung mit den MitarbeiterInnen die strategische Orientierung und sichert die Ressourcen für die kontinuierliche Entwicklung des Unternehmens. Jede Lösung von FILL muss Mensch und Maschine dienen. In den

Tätigkeitsfeldern, in denen FILL aktiv ist, strebt das Unternehmen international für Mensch und Technik die Führungsrolle an. Das heißt für die Zukunft: Weitere Eroberung neuer Märkte. Dafür stellt FILL einen Begriff ins Zentrum seiner strategischen Ausrichtung: Networking. Mit unseren MitarbeiterInnen bilden wir ein Team. Unsere Lieferanten sind in den Produktionsprozess voll integriert. Weltweit setzen wir auf Profis, die Vertrieb und Service als selbstständige Partner von FILL durchführen. Strategische Allianzen und Business Units eröffnen weiteren Zugang in neue Regionen und Branchen. Unsere Kunden sind Partner im Schaffen von Innovationen, aber auch in der Entwicklung neuer Märkte. So entsteht ein Netzwerk aus MitarbeiterInnen, Lieferanten, Vertriebs- und Serviceorganisationen sowie freundschaftlich verbundenen Unternehmen, das den Kunden und seine Bedürfnisse in den Mittelpunkt stellt.

- **MitarbeiterInnen und Qualität:** Alle Mitglieder des Unternehmens verpflichten sich der umfassenden, klar definierten Produkt- und Servicequalität. Wer das Beste verspricht, muss es halten. Das braucht Zeit, die wir gemeinsam mit allen Beteiligten in einem Projekt planen. Termintreue ist ein Messparameter für die FILL Qualität. Kreativität der Lösung und Sorgfalt in der Verarbeitung sind weitere Erfolgsfaktoren. Zusätzliche Qualitätsparameter sind so individuell wie unsere Lösungen. Wir vereinbaren sie mit unseren Kunden gemeinsam. Die eigene FILL Academy sichert die kontinuierliche Aus- und Weiterbildung der MitarbeiterInnen von FILL. Information, Kommunikation und Motivation sind die zentralen Faktoren für erfolgreiche Mitarbeiterentwicklung. Wir unterstützen den freien Meinungsaustausch und schaffen dafür Plattformen im Unternehmen.

- **Leistung und Märkte:** FILL schafft Produktionssysteme nach Maß. Unser Leistungsangebot umfasst: Forschung und Entwicklung, Engineering, Produktion, Design, Service, Ersatzteile, Seminare, Information und Kommunikation. Die Leistungen können gesamt oder in Teilen in Anspruch genommen werden. Die Preise gestalten wir in fairer Übereinkunft mit unseren Partnern. Eine Investition in FILL bedeutet eine Investition in die Zukunft. FILL macht seine Kunden zu den Besten ihrer Branche. FILL ist weltweit tätig. Das FILL Center „Technology of the FUTURE" steht in Österreich. Von hier aus betreuen wir die direkt benachbarten Märkte. Das FILL Network sichert Vertrieb und Service in allen wichtigen Industrieregionen der Welt. Im Sinne eines Global Village ist somit FILL auch in Ihrer Nähe.

Vom Leitbild wechseln wir nun in die Umsetzungsstrategie. Sie setzt sich aus den Bausteinen Price, Product und Place zusammen:

Die PPP-Strategy von FILL

- **Price:** Der Preis ist für FILL kein zentrales Gestaltungselement am Markt. Ziel ist, wie bisher, die Preisqualität zu halten. Durch den Anspruch des Technologieführers mit hohem Innovationsgrad soll der Preis soweit wie möglich kein Kaufargument werden. Statt Preisnachlass gibt es eher kostenlose Mehrleistungen im Design und in der Weiterbildung. Für Vertriebspartner muss die Provisionsschiene attraktiv gestaltet werden. Ein fixes Regelwerk muss dafür erstellt werden.

- **Product:** Derzeit ist ein standardisiertes Produktsortiment nur in Ansätzen erkennbar. Im Produktionsablauf können durch eine bessere interne Dokumentation technische Standards und Bausteine (Module) geschaffen und besser genutzt werden. Die Fehlerhäufigkeit wird reduziert. Der Markt fordert günstigere Einstiegstechnologien und zum Teil auch einfachere Technologien. Hier sind Forschung und Entwicklung zu betreiben. Auch im Design der Produkte eröffnet sich Handlungsbedarf. Zusätzlich kann das Angebot durch Engineering und Seminare erweitert werden.

- **Place:** Im Vertrieb entwickelt FILL den traditionellen Weg verstärkt weiter und setzt intensiver auf Partnerschaften. FILL unterscheidet künftig klar zwischen direktem und indirektem Vertrieb. Im Direktvertrieb stützt sich das Unternehmen auf Mitarbeiter oder selbstständige branchenspezifische Partner. Dies beschreibt vor allem den Status quo. Künftig soll über selbstständige Vertriebspartner in weiteren Schlüsselmärkten der Vertrieb intensiviert werden. Vertriebspartner benötigen intensive Betreuung seitens FILL. Dies setzt einige interne organisatorische Entwicklungen voraus. Die einschneidende Veränderung stellt die Bildung von Produkt- und Marktteams dar. Bei der Eroberung neuer Märkte kann – aber muss nicht zwingend – ein Schlüsselkunde sehr unterstützend wirken. Im Direktvertrieb bearbeiten eigene oder freie Mitarbeiter (zum Beispiel Branchenexperten) direkt den Kunden. Bestehende Beziehungen werden nicht verändert. Künftig gilt diese Regelung in der Marktbearbeitung ausschließlich für Österreich und Süddeutschland. Im Informations- und Kommunikationsprozess sowie in der Aus- und Weiterbildung sollen indirekte Vertriebspartner den gleichen Status genießen. Der indirekte Vertrieb findet außerhalb Österreichs und Süddeutschlands statt. Hier sucht FILL offensiv und gezielt Vertriebspartner mit Servicekompetenz. Dies erfolgt durch die Teilnahme an Wirtschaftsmissionen, Messen oder über die Außenhandelsstellen. Vorhandene Schlüsselkunden aus Großkonzernen unterstützen den Weg in neue Märkte. Auch die Bildung von branchenspezifischen Business Units in neuen Branchen ist möglich. Die Länder und Regionen Deutschland und Österreich, Italien, Frankreich, Großbritannien, Spanien und Skandinavien sowie auch die USA, Kanada, Brasilien, Mexiko und der ferne sowie der Nahe Osten und die neuen Reformländer Ungarn, Tschechien, Polen und Ukraine erscheinen besonders attraktiv. Mit Ausnahme von Österreich bietet sich in allen Ländern die Suche nach einem Vertriebs- und Servicepartner an.

– Vertriebscoaching: Alle externen Vertriebspartner erhalten mindestens eine monatliche Info über Vertriebsmaßnahmen und -erfolge per Mail. Alle zwei Wochen erfolgt eine telefonische Nachfrage über Befindlichkeit und Bedürfnisse. Einmal jährlich findet eine Vertriebskonferenz in Gurten statt sowie ein Training in der FILL Academy und ein jährliches Mitarbeiterentwicklungsgespräch.
– Bildung von Produkt-, Markt- und Serviceteams.
– Forschung und Entwicklung: In den Produkt- und Marktteams werden Mitarbeiter für den Bereich Forschung und Entwicklung definiert, geführt wird dieser Bereich von einem prozessorientierten eigenen Manager.
– Projektmanagement: Die wochenaktuelle Übersicht über den Projektstatus ist für jeden einsehbar, die Prioritätenreihungen jedoch können nur im Team mit den betroffenen Mitarbeitern verändert werden.

- Customer Relationship Management: Eine zentrale Kundendatenbank wird angelegt und gepflegt.
- Organisationsentwicklung: Die angeführten Maßnahmen stellen eine Herausforderung an jede Organisation dar; es empfiehlt sich dringend, klare Prozessabläufe zu definieren; weiterhin müssen für jede Position Rollenbilder definiert werden.

Die interne und externe Kommunikation bei FILL

Interne Kommunikation – ProFILL

Dieser Bereich fasst alle internen Aktivitäten zur Information, Kommunikation und Motivation bei FILL zusammen und stellt – neben den organisatorischen Maßnahmen – den dringendsten Handlungsbedarf dar. Ausgehend von der Mitarbeiterzeitung erhalten alle Aktivitäten zur internen Kommunikation bei FILL einen Namen: ProFILL. Wir übernehmen diese Bezeichnung für alle Informations- und Kommunikationsaktivitäten nach innen. Das interne Network organisiert sich selbst. Ein Teamleader verantwortet alle Aktivitäten.

In der ProFILL Organisation werden Team, Leader, Büro und Mitglieder zu einem Ganzen zusammengefasst. Die Hauptaufgabe dieser Organisationsstrukturen für ProFILL ist es, die Kommunikationsmaßnahmen durch Mitarbeiter in Selbstverantwortung zu unterstützen. Dies funktioniert folgendermaßen: Das Team, bestehend aus alle zwei Jahre von Kollegen und Kolleginnen gewählten Vertretern, wählt die jährlichen Kommunikationsaktivitäten aus und ist auch das Bindeglied zu allen Mitarbeitern. Teammeetings finden sechs Mal jährlich statt. Den Teamleader stellt ein Mitarbeiter oder eine Mitarbeiterin aus der Abteilung Marketing und Vertrieb. Dieser Leader ist verantwortlich für die organisatorische Abwicklung der Teamaufgaben; sein regulärer Arbeitsplatz ist zusätzlich zentrale interne Anlaufstelle und seine Telefondurchwahl Hotline für ProFILL. Die Instrumente, die ProFILL zur Verfügung stehen, sind folgende: Academy, Motion, Meeting und Dataware.

- **Academy:** Wie der Name schon sehr bezeichnend verrät, handelt es sich bei der ersten dieser vier Säulen, der Academy, um den Aus- und Weiterbildungsweg der Mitarbeiter. Diverse Weiterbildungsaktivitäten – als da wären Trainings und Seminare – werden als zusammenhängendes System angeboten und hier verwaltet, indem für jeden Mitarbeiter und jede Mitarbeiterin Trainingsdatenbanken angelegt werden. Der Bedarf an Weiter- oder Ausbildung wird im Mitarbeiterentwicklungsgespräch erhoben, die Trainings werden in den Bereichen Selbstkompetenz, Sozialkompetenz und Sachkompetenz angeboten und für ProFILL maßgeschneidert.
- **Motion:** ProFILL Motion, eine – virtuelle – Medienabteilung, stellt vor allem motivierende Aktivitäten sicher, wozu auch alle Maßnahmen für künftige Mitarbeiter zählen. Hier wird auch „Werbung und PR" für alle anderen ProFILL Instrumente betrieben. ProFILL Motion setzt sich aus sehr vielen, oft unscheinbaren Bausteinen zusammen. Hinzuzuzählen ist alles, was Mitarbeiter zufrieden macht und diese dadurch motiviert. Anfangen

kann man hier bei der ProFILL Station, einer PC-Station in Pausenräumen und bei Kommunikationsinseln in der Produktion, um Produktionsmitarbeitern den Zugang ins Intranet zu eröffnen. Die ProFILL Kommunikationsinseln sind mit Trennwänden erweiterte Kaffeeautomaten, die auch als Schwarzes Brett genutzt werden können. Etwas mehr an organisatorischem Aufwand, aber auch einen großen Nutzen bringen hier die firmeninternen Folder und die vier Mal jährlich erscheinende Mitarbeiterzeitung. Nicht weniger motivierend soll sich die ProFILL Galerie auswirken. Im Produktionsbereich und im Administrationsbereich werden Vitrinen mit Schaustücken von ProFILL-Projekten, der entsprechenden Kundenidentifikation und dazugehörigem Infomaterial über den jeweiligen Kunden und das Anwendungsgebiet platziert. Der Standort wird monatlich verändert.

- **Meeting:** Das Instrument Meeting wiederum verwaltet und schafft klare Gesprächsstrukturen, die prozessspezifisch oder prozessübergreifend genutzt werden können. Es werden Begegnungs- und Kommunikationsplattformen geboten. Das schon vorhin erwähnte Mitarbeiterentwicklungsgespräch dient nicht nur der Evaluierung eines möglichen Bedarfs an Aus- und Weiterbildung. Darüber hinaus werden Vereinbarungen für Jahres- und Halbjahresziele getroffen und Gesprächsstandards entwickelt. Wichtige Bausteine neben dem Mitarbeiterentwicklungsgespräch sind halbjährliche Diskussionen mit Führungskräften und Branchenfremden und jährliche Workshops mit einem externen Trainer. Sehr wichtig ist, dass für all diese Formen des Meetings ganz klare

Standards in Zusammenarbeit zwischen den Führungskräften und ihren Crews entwickelt werden. Zusätzlich
zum Baustein ProFILL Meeting sind firmeninterne
Freizeitaktivitäten wie Betriebsausflüge und Weihnachts-
feiern vorgesehen.

- **Dataware:** ProFILL Dataware bezeichnet ein digitales
  Handbuch, eine im Intranet eingerichtete eigene Datenbank. Die Kompetenz dafür liegt bei der Abteilung
  Marketing und Vertrieb und der Qualitätssicherung.
  Folgende Bausteine soll diese Datenbank unter anderem
  enthalten: Die genauen Definitionen von Prozessabläufen sowohl im Regelfall als auch bei Abweichung
  und ebenso bei Reklamationen, eine zentrale Wissens-
  und Fehlerdatenbank und eine themenübergreifende
  Suchfunktion für alle Bereiche. Darüber hinaus gibt es
  ausreichend Raum für weitere Bausteine wie zum Beispiel Formatvorlagen. Eine solche Datenbank lässt sich
  beliebig erweitern und individuell an Firmenbedürfnisse
  anpassen.

Externe Kommunikation – FILLnet

Wir übernehmen diese Bezeichnung für alle Informations-
und Kommunikationsaktivitäten nach außen. Alle Maßnahmen liegen im Kompetenzbereich der Abteilung Marketing
und Vertrieb. Drucksorten werden in den landesüblichen
Sprachen der Vertriebs- und Servicepartner hergestellt. Diese beteiligen sich auch an den Kosten.

Auch hier wird das Konzept wieder von vier Säulen ge-
tragen: FILLnet Academy, FILLnet Media, FILLnet Event
und FILLnet Shop.

- **FILLnet Academy:** Sie öffnet als interne Academy für die
  Kunden einen Bereich, in dem Weiterbildungsmaßnah-
  men als eigene Dienstleistung vermarktet werden. Diese
  wird bei jeder neu verkauften Maschine automatisch mit
  angeboten, sichert die Einschulung in die Bedienung einer neuen Maschine und ist somit ein Argument bei der
  Kauf- und Preisverhandlung. Die Vorteile einer solchen
  Dienstleistung liegen auf der Hand: Die Academy erweist
  sich als äußerst dienlich bei der Bindung von Stammkunden und schafft neue Arbeitsplätze für eigene Trainings-,
  Vertriebs- und Servicepartner im Unternehmen. Auch
  die anderen drei Bausteine Media, Event und Shop bieten Kunden – seien es nun Stamm- oder potenzielle
  Kunden – Möglichkeiten, sich aktiv in das Firmengeschehen einzubinden oder auch nur zu informieren.
- **FILLnet Media:** In der Medienabteilung werden alle
  klassischen Aktivitäten der Marketingkommunikation
  sichergestellt: von Presseaussendungen über Direktmails
  bis hin zu Kundenzeitungen und natürlich einer interak-
  tiven Homepage. Alles, was über diese schriftliche Form
  der Kommunikation hinausgeht und bereits auf dem
  Face-to-Face-Level stattfindet, findet sich im Bereich
  FILLnet Event – Messen, Tage der offenen Tür, Shows
  und vieles mehr. FILLnet Event schafft Plattformen der
  Begegnung zwischen Kunden und Mitarbeitern und geht
  an die Öffentlichkeit.

- **FILLnet Shop:** Der Shop, in dem alle Give-aways erhältlich sind, ist eine zusätzliche Dienstleistung des Unternehmens, die sowohl Kunden als auch Mitarbeitern zur Verfügung steht. Auch werden hier die internen und externen Weihnachtsgeschenke geregelt.

Das Unternehmen FILL hat sich mit diesem Leitbild und Maßnahmenkonzept 2001 einer sehr anspruchsvollen und umfangreichen Herausforderung gestellt. In vielen Fällen landen derartige Konzepte – zur Gänze oder zum Teil – in der Schublade. Nicht so in diesem Fall. Andreas Fill stellte in der Folge konsequent Schritt für Schritt die Umsetzung sicher. Von Beginn an standen alle Maßnahmen, die auf die Mitarbeitergewinnung und -findung ausgerichtet waren, im Mittelpunkt der Umsetzungsaktivitäten. Auch wenn manche Ideen oft längere Zeit im Ideenkoffer schlummerten, bis sie realisiert wurden. Die Pressearbeit – ebenfalls mit einem regionalen Fokus zur Positionierung als attraktiver Arbeitgeber in der Region und in der Fachpresse – startete erst fünf Jahre nach der Konzepterstellung. Heute ist FILL thematisch weder aus der regionalen noch aus der internationalen Fachpresse wegzudenken. Es verlassen bis zu 30 Aussendungen pro Jahr das Haus. Auffällig ist, dass von Anfang an bei vielen Maßnahmen IT-Unterstützung vorgesehen war.

Das Unternehmen ist, wie schon erwähnt, in seinen Fachbereichen Technologie- und/oder Marktführer. „Wer die beste Lösung sucht, entwickelt gemeinsam mit FILL seine Zukunft", dieses Motto war nie ein leeres Versprechen. Dabei geht es um Prozessideen, Maschinen, Messeauftritte, Kundenorientierung genauso wie um Arbeitsplatzgestaltung, Arbeitsgeräte, Arbeitsbedingungen oder Kommunikationsplattformen, Organisationsunterstützung, Gesundheitswesen oder Weiterbildung. Die Leitidee ist heute das geflügelte Wort schlechthin bei FILL. Die Werte sind Führungsprogramm und Messparameter. Sie sind zum Beispiel auch Namensgeber der Besprechungsräume im Unternehmen. Auch für die Verhaltensregeln sind sie Strukturgeber. Kultur braucht eben Struktur und umgekehrt. Nachfolgender Verhaltenskodex trat am 10. Juli 2012 in Kraft:

FILL Verhaltenskodex

Der Mut, neue Wege zu gehen – sowohl in technischen als auch in organisatorischen Bereichen – und unsere Handschlagqualität haben FILL immer ausgezeichnet und letztendlich wesentlich zum Erfolg unseres Unternehmens beigetragen.

Bei allen individuellen Unterschieden braucht ein erfolgreiches Unternehmen Standards, die festlegen, was erlaubt ist und was nicht erwünscht ist. Wir führen mit Werten und setzen auf Hausverstand. Wer diesen Grundsatz regelmäßig verletzt, stellt sich selbst aus dem System.

Werte: Vertrauen, Fairness, Sicherheit, Innovation, Harmonie, Verlässlichkeit, Verantwortung, Akzeptanz, Kompetenz und Toleranz – so lauten unsere Werte, die in den Unternehmensleitsätzen festgeschrieben sind. Diese Werte gelten sowohl intern – also im Umgang untereinander – als auch extern – im Umgang mit unseren Kunden. Diese Werte sind unsere Verhaltensregeln. Sie sind jedoch nur dann wirksam, wenn sie auch tatsächlich gelebt werden. Sie beziehen sich auf den Umgang und die Zusammenarbeit aller Mitarbeiter und Führungskräfte untereinander.

- **Vertrauen** = die Überzeugung von der Richtigkeit von Handlungen:
  Ich rechtfertige das in mich gesetzte Vertrauen nach bestem Wissen und Gewissen. Ich vertraue darauf, dass meine Kollegen und Mitarbeiter dies ebenfalls bei allen ihren Handlungen tun.

- **Fairness** = die Vorstellung individueller Gerechtigkeit, Angemessenheit und Anständigkeit:
  Im Umgang mit Kollegen bin ich fair und unvoreingenommen und erwarte mir das auch von meinem Gegenüber.

- **Harmonie** = die ausgewogene Einheit von Maß und Wert:
  Ich agiere mit Augenmaß.

- **Verlässlichkeit** = als Haltung eine charakterliche Tugend:
  Man kann mir trauen, ich traue den Anderen.

- **Verantwortung** = Zuschreibung einer Pflicht zu einer handelnden Person oder Personengruppe:
  Selbstbestimmt übernehme ich Verantwortung.

- **Akzeptanz** = gutheißen, anerkennen:
  Ich erkenne die Verhaltens- und Umgangsregeln in unserem Unternehmen an. Ich akzeptiere meine Kollegen und Vorgesetzten und erwarte, dass ich akzeptiert werde.

- **Kompetenz** = Fähigkeit, Fertigkeit:
  Ich setze meine Fähigkeiten und Fertigkeiten zum Wohle unseres Unternehmens ein.

- **Toleranz** = Anerkennung der Gleichberechtigung:
  Ich bin tolerant gegenüber meinen Kollegen und erwarte die gleiche Toleranz gegenüber meiner Person und meinem Tun.

Conclusio: Mit Angemessenheit und Anständigkeit begegne ich meinen Kollegen und Vorgesetzten. Ich handle immer mit der Überlegung, ob ich das, was ich gerade mache, als mein Chef oder Firmeneigentümer gerne sehen und gutheißen würde. Ich versuche bei allen Handlungen und Tätigkeiten, die mir übertragenen Pflichten mit der Überzeugung von deren Richtigkeit bestmöglich zu erledigen. Ich bin mir bewusst, dass wir nur als Team erfolgreich sind, und setze mich mit vollem Einsatz dafür ein, meinen konstruktiven Beitrag innerhalb unseres Teams zu leisten. Ich setze meinen gesunden Hausverstand bei all meinen Tätigkeiten und den mir übertragenen Aufgaben ein.

Wie sieht nun dieser Verhaltenskodex in der praktischen Umsetzung aus? Die Frage, ob das eigene Verhalten die Vorgesetzten oder Kollegen und Kolleginnen erfreuen oder verärgern würde, liefert immer eine Richtlinie für das eigene Verhalten. Würde es beispielsweise die Vorgesetzten freuen, immer dieselben Personen bei ausgiebigen Kaffee- oder Rauchpausen zu unterschiedlichen Zeiten anzutreffen? Wäre dies fair gegenüber den Kollegen? Dasselbe gilt für die Benutzung von privaten Handys oder Smartphones während der Arbeitszeit und natürlich für Pünktlichkeit. Das Ausmaß ist hier entscheidend. Sind private Telefongespräche am Arbeitsplatz (in Ausnahmefällen) sowie vereinzelt kurze Rauch- und Kaffeepausen grundsätzlich kein Problem, kann eine übermäßige Inanspruchnahme dieser Freiheiten zu Produktivitätseinbußen führen. Die Entscheidung über das eigene Verhalten obliegt den Mitarbeitern selbst und somit auch das Bewusstsein über die Konsequenzen, die möglicherweise daraus resultieren können.

Da der Verhaltenskodex auch im Umgang miteinander anzuwenden ist, muss natürlich auch eine gewisse Höflichkeit gewahrt werden, sowohl Arbeitskollegen als auch Vorgesetzten gegenüber. Empathie, Höflichkeit und Respekt sind für eine florierende Zusammenarbeit mehr als nur vorteilhaft.

3.3   FILL Visionen, Ziele und Maßnahmen

Heute sind fast alle Bausteine aus dem Urkonzept noch gültig und größtenteils umgesetzt. In vielen Fällen wurden sie weiterentwickelt, vor allem aber auch anders benannt. Seit 2012 spricht man bei FILL vom CORE Prinzip. Damals wurde begonnen, alle Lösungen für ProFILL, die IT-gestützt wurden und werden konnten, zu einer modernen ERM-Plattform zusammenzuführen. FILL nennt diese ERM-Lösung heute CORE und macht sie auch anderen Anwendern zugänglich.

Nicht durchgesetzt hat sich bei FILL der 2001 formulierte Slogan „go best". Überhaupt wurde das Leitbild massiv gekürzt. Im Prinzip blieb der Inhalt jedoch unverändert. Die Botschaften wurden nur für den schnellen Schuss in Herz und Hirn aufbereitet. Die aktuelle Unternehmens- und Markenphilosophie von FILL stellt auch die Arbeitgebermarkenphilosophie dar:

FILL Unternehmensphilosophie

- **Die Leitidee:** Wer die beste Lösung sucht, entwickelt gemeinsam mit FILL seine Zukunft.
- **Die Vision:** Begeisterte Kunden, Mitarbeiter und Partner machen FILL erfolgreich.
- **Die Werte:** Vertrauen, Fairness, Sicherheit, Innovation, Harmonie, Verlässlichkeit, Verantwortung, Akzeptanz, Kompetenz, Toleranz.
- **Das Credo:** FILL your future.

Bei der Formulierung einer Philosophie ist immer darauf zu achten, diese vier Bausteine zu definieren. Das Credo (der Slogan) sollte inhaltlich auf die Leitidee referenzieren. Sie ist die Kursvorgabe der obersten Führung für das gesamte Unternehmen. In der aktuellen Version bezieht sich der Slogan auf die Zukunft und nicht so sehr auf die beste Lösung. Im Zuge einer Evaluierung hat sich das Unternehmen entschlossen, dies zu verändern, da das Zukunftsversprechen die beste Lösung impliziert. So lautet zumindest das Selbstverständnis des Unternehmens.

FILL überprüft in regelmäßigen Abständen seine strategische Orientierung und evaluiert neben der Gesamtstrategie damit auch immer wieder alle ERM-Maßnahmen. Seit 2009 verfolgt das Maschinenbauunternehmen folgende sieben strategischen Ziele als relevante Vorgabe innerhalb seiner Unternehmens- und Markenpolitik.

Die strategischen Ziele von FILL

1. Wir sind Innovationsführer bei individuellen Komplettlösungen für komplexe Produktionsprozesse.

2. Wir stehen besonders für Innovation und Kompetenz, Fairness und Verlässlichkeit.

3. Wir machen unsere Kunden zu den Besten der Branche – weltweit.

4. Wir zählen zu den attraktivsten Unternehmen Österreichs und unterstützen unsere Mitarbeiter in ihrer Entwicklung.

5. Wir optimieren durch kontinuierliche Organisationsentwicklung die Qualität der Prozesse.

6. Wir legen Wert auf nachhaltige und erfolgreiche Partnerschaften.

7. Wir sind ein eigenständiges Familienunternehmen und finanzieren Wachstum aus eigener Kraft.

Von diesen strategischen Zielen werden weitere Ziele und Projekte bzw. Maßnahmen abgeleitet, die damit die Strategie und Taktik des Unternehmens bestimmen. Nehmen wir als Beispiel das zweite Ziel: „Wir stehen besonders für Innovation und Kompetenz, Fairness und Verlässlichkeit." Diese Schlagworte sind im Einzelnen durchaus ausbaufähig und zusammengenommen auch die Eigenschaft der Marke FILL. Daraus ergibt sich Ziel 2.1: „Wir machen FILL zur Marke." Da eine Marke immer auch von ihrem Bekanntheitsgrad lebt, werden speziell dafür wieder eigene Ziele abgeleitet, als da wären: das Unterziel 2.1.1 „Wir nehmen im Jahr x an y Wettbewerben teil" und das Unterziel 2.1.2 „Steigerung des Bekanntheitsgrades bzw. der Kunden-, Mitarbeiter-, Partnerzufriedenheit".

Diese Ziele sind bei FILL üblicherweise mit einem Zeitlimit verknüpft, sodass die Zielerreichung jederzeit verlässlich geprüft werden kann. An die Zielerreichung sind Maßnahmenbündel gekoppelt. Um das Markenziel im Arbeitgebermarkenbereich voranzutreiben, gibt es zum Beispiel seit 2013 eine umfangreiche Maßnahmenliste allein im Bereich des Mitarbeiternachwuchses. FILL eröffnet Jobbörsen an thematisch passenden Schulen in der Umgebung, bietet zusammen mit der Wirtschaftskammer Ausbildungsplätze in der Region an, ebenso wie Berufspraktika und Summerschools für Studierende. Auch ein Auslandspraktikum soll FILL als Arbeitgeber für junge Erwachsene attraktiv machen oder auch nur den Bekanntheitsgrad in dieser Zielgruppe steigern.

Doch damit nicht genug. Mit Filli future, einem Roboterstofftier und firmeneigenen Maskottchen, schafft FILL bereits bei den Kleinsten Sympathie für die Arbeit in technischen Berufen. Filli Future hat derzeit mehr als 600 Fans auf Facebook, reist um die Welt, erlebt Abenteuer, ist bei jeder neuen Maschinenaufstellung dabei, trifft Doppelgänger und tritt live bei Schulabschlussfeiern des Unternehmens auf. Die Filli Future Foundation unterstützt Kinderhilfsprojekte rund um den Globus. Mit dem Namen Filli future Planet geht eine firmeneigene Kinderbetreuungswelt 2016 in Betrieb.

Dass das firmeneigene Corporate Design von der Arbeitsplatzgestaltung über die Maschinendesigns zu den Messeauftritten durchgängig die Philosophie atmet, ist für FILL selbstredend, ebenso wie eine konsequente Pflege des Social-Media-Auftritts auf allen relevanten Plattformen. Eine eigene Mitarbeiterin kümmert sich darum – sowohl in Richtung Mitarbeiter als auch Kunden.

Neben ERM setzt man aber immer noch auf den ganz klassischen Medienmix. Die an die Heimadresse versandte Mitarbeiterzeitung ProFILL ist weiterhin fixer Bestandteil. Zum Geburtstag gibt es analoge Grußkarten nach Hause. Nicht nur für Mitarbeiter, sondern auch für deren Partner und Kinder. Im FILL Shop können sich Mitarbeiter kleidungstechnisch für Arbeit und Freizeit voll ausstatten. Die kontinuierliche Pressearbeit begleitet alle Aktivitäten und findet hohe Aufmerksamkeit in den Medien.

In Summe setzt FILL umfassend auf Identiting. Verhalten, Kommunikation und Design stehen im vollen Einklang – in der Konzeption und in der Umsetzung. Mensch, Organisation, Marke und Markt werden ganzheitlich betrachtet und nachhaltig entwickelt.

Betrachten wir das Zielsystem noch am Beispiel von Ziel 4: „Wir zählen zu den attraktivsten Unternehmen Österreichs und unterstützen unsere Mitarbeiter in ihrer Entwicklung." Folgende Unterziele wurden unter anderem daraus abgeleitet: Ziel 4.1: „Wir unterstützen die Mitarbeiter in ihrem Lebens-/Arbeitskonzept, binden sie mit ihren Familien an das Unternehmen und erhalten bis 2015 die Fluktuation auf dem Niveau der letzten Jahre." Oder Unterziel 4.1.1: „Steigerung des Betriebsklimas".

Speziell um dieses Ziel der Mitarbeiterzufriedenheit zu erreichen, hat FILL das Lebensarbeitskonzept FILL your life entwickelt. Sehen wir uns dieses Konzept nun etwas genauer an.

 YOUR FUTURE   MARKENBILDUNG INTERN - FILL YOUR LIFE

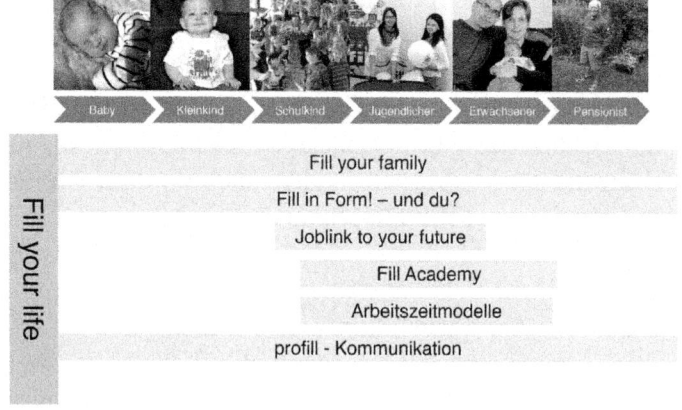

© FILL GesmbH 2011

FILL your life setzt heute auf Bausteine, die in den einzelnen Lebensphasen (potenzieller) Mitarbeiter unterschiedlich intensiv zum Einsatz kommen. Das Unternehmen spannt hier den Bogen vom Babyalter über das Kleinkind zum Schulkind, Jugendlichen, Erwachsenen und Rentner.

Das Programm FILL your family begleitet durch all diese Phasen. Einige der in diesem Zusammenhang immer wiederkehrenden Maßnahmen sind beispielsweise:

- ein Willkommensgruß bei der Geburt eines Kindes,
- Geburtstagskarten nicht nur für Mitarbeiter, sondern auch für deren Partner und Kinder,
- Zeugnisaktionen für Kinder der Mitarbeiter im Schulalter, ebenso wie Schulabschlussfeiern und

- Familientage unter dem Motto „Mama und Papa bei der Arbeit".

Auch Ausflüge und Sportveranstaltungen stehen auf dem durchgängig geplanten Ganzjahresprogramm, das außerdem Interessen von Nischengruppen berücksichtigt. Das Unternehmen rechnet nicht mehr damit, dass alle bei einem Skitag mitfahren. Es ist auch ein Erfolg, wenn zehn Mitarbeiter sich für ein Angebot interessieren. Um jedoch den Interessen und Bedürfnissen aller Mitarbeiter gerecht werden zu können, bietet FILL eine breite Variation an Veranstaltungen und „Goodies" an. Vom Sommerkino, dem Rentnertreff und einem Adventkalender über die firmeneigene FILL Card, die Vergünstigungen aller Art ermöglicht, bis hin zu einem überaus umfangreichen Angebot an Möglichkeiten zur körperlichen Ertüchtigung dient das Unternehmen seinen Mitarbeitern mit so gut wie allem, was gewünscht sein könnte.

Gerade das Gesundheitsprogramm „FILL in Form! Und Du?" verdient eine spezielle Erwähnung. Schwerpunktmäßige Antirauchaktionen oder Diätprogramme hat das Unternehmen schon lange sehr erfolgreich hinter sich. Die Themen tauchen immer wieder in der internen Kommunikation auf, bilden aber keinen Fokus. Das kontinuierliche aktuelle Gesundheitsprogramm von FILL ist mittlerweile stark ausgebaut worden und beinhaltet einen $160\,m^2$ großen Fitnessraum auf dem Firmengelände, der sowohl für Mitarbeiter als auch für deren Partner sieben Tage die Woche verfügbar ist, regelmäßige Fachvorträge und Workshops, wöchentliche Yoga- und Fitnesskurse, kostenlose Impfaktionen für Mitarbeiter und deren Familien,

Kooperationen mit dem Roten Kreuz und mit Physio-
therapeuten sowie regelmäßige Sportevents (Tennis bzw.
Tischtennisturniere, Skiwochenende, Go-Cart-Wettbe-
werbe, Mountainbike-Downhillpark, Klettern, Lauftreff,
Fahrsicherheitstraining usw.).

Die Herausforderung der Mitarbeiterzufriedenheit meis-
tert FILL also mit Bravour. Im Sinne der Arbeitgeberattraktivität ist es somit anderen Unternehmen um ein Vielfaches
voraus. Vom ersten Schritt – dem Erkennen der Notwendigkeit einer florierenden Mitarbeiterbeziehung – bis zu den
heutigen Standards war es ein langer und vor allem arbeits-
reicher Weg, der sich aus heutiger Sicht jedoch mehr als
gelohnt hat.

3.4   Das Mitarbeiterentwicklungs-
gespräch

Das Mitarbeiterentwicklungsgespräch (MEG) ist bei FILL
seit Jahren zentraler Standard in der Mitarbeiterentwicklung. Seit 2008 bietet das Unternehmen das Frühlingsgespräch und den Herbstdialog an. Das MEG an sich ist ein
sehr klassisches Instrument in der Mitarbeiterbeziehungspflege. FILL hat auch dieses Instrument perfektioniert.
Das Pflichtgespräch im Frühjahr ist frei von jedem Ent-
lohnungsthema. Dieser Punkt ist explizit ausgeschlossen.
Beim freiwilligen Herbstdialog jedoch ist er vorgesehen.
Deshalb ist auch meist klar, worum es geht, und beide Gesprächspartner sind darauf vorbereitet. Das Gespräch ist
eng verknüpft mit der FILL Academy, mit der persönlichen
Scorecard und den Stellenbeschreibungen. FILL stützt das

Instrument mit seiner eigenen ERM-Lösung und auch die Verknüpfung zwischen Stellenbeschreibung, Scorecard und Akademie.

Der Nutzen des MEG

- Für den Vorgesetzten: Wahrnehmen der aktiven Führungsaufgabe, effiziente Personalführung und Personalentwicklung.
- Für den Mitarbeiter: Mitgestaltung des eigenen Arbeitsplatzes sowie Mitgestaltung der persönlichen Entwicklung im Unternehmen.

Das Mitarbeitergespräch soll die Zusammenarbeit zwischen Vorgesetztem und Mitarbeiter durch Schaffung einer offenen und vertrauensvollen Gesprächsatmosphäre fördern. Führungskraft sowie Mitarbeiter tragen dazu bei, in einer offenen, konfliktfreien Kommunikation die Bedeutung der jeweiligen Tätigkeit aus persönlicher Sicht dem Gesprächspartner mitzuteilen und damit den Arbeitsplatz und den Arbeitsprozess aktiv mitzugestalten.

Der Ablauf des MEG

- Der Vorgesetzte informiert sich anhand der Verfahrensanweisung über die Vorgehensweise in den Mitarbeitergesprächen.
- Der Vorgesetzte informiert den Mitarbeiter ca. 14 Tage vorher über den Termin und bespricht mit ihm den Sinn und die Ziele dieses Gespräches.

- Vorgesetzter und Mitarbeiter bereiten sich unabhängig voneinander auf dieses Gespräch vor. Dazu soll der im Konzept enthaltene Vorbereitungsbogen von Vorgesetztem und Mitarbeiter herangezogen werden. Dieser Bogen muss dem Mitarbeiter bei der Gesprächseinladung ausgehändigt werden.
- Der Vorgesetzte und der Mitarbeiter führen das Gespräch und erstellen gemeinsam das Ergebnisprotokoll. Eine Kopie erhält der Mitarbeiter.
- Ergebnisse der Mitarbeitergespräche werden in den periodischen Managementbesprechungen mit der Geschäftsführung besprochen.

Die Dauer der Gespräche ist in drei Teilabschnitte untergliedert – die Vorbereitung, die Durchführung des Gesprächs und die Nachbereitung. Alle drei Bestandteile sind Voraussetzung für ein erfolgreiches MEG. Dementsprechend ist ein ausreichendes Zeitbudget von beiden Gesprächspartnern zu reservieren. Es ist empfehlenswert, keine Anschlusstermine nach dem Gespräch zu vereinbaren. Der Vorgesetzte hat dafür zu sorgen, dass ungestört gesprochen werden kann und genügend Zeit zur Verfügung steht. Wenn möglich, soll das MEG nicht im Büro des Vorgesetzten stattfinden, sondern auf neutralem Boden.

Eine Leistungsbeurteilung und Standortbestimmung im Zuge des MEG wird von Führungskräften und Mitarbeitern gleichermaßen gefordert – „nur wenn man weiß, wo man sich befindet, weiß man auch, wie man wohin kommen kann". Wichtig ist, dass bei dieser Leistungseinschätzung jedoch die besonderen Anforderungen der jeweiligen Stelle berücksichtigt werden und neben fachlichen auch persönliche Qualifikationen zum Tragen kommen. Welche von der großen Anzahl an Fähigkeiten nun für die jeweilige Stelle relevant sind, muss jede Führungskraft im Vorfeld definieren.

Das Frühlingsgespräch

Das für alle Mitarbeiter verpflichtende Frühlingsgespräch findet zwischen Februar und April statt und dauert eine Stunde.

Die Führungskraft soll die kurz-, mittel-, und langfristigen Unternehmensziele mit dem Mitarbeiter besprechen. Davon abgeleitet soll eine Erklärung der Abteilungsziele im Detail erfolgen. Die Führungskraft soll durch entsprechende Information den Mitarbeiter an den Unternehmenszielen „beteiligen", ihn betroffen machen und ein Verständnis erzeugen, warum was im Unternehmen passiert. Davon abgeleitet sollen mit dem Mitarbeiter gemeinsam persönliche Arbeitsziele mit Kenngrößen definiert werden. Das gewünschte Ergebnis sind einerseits die Definition von Zielen und Messgrößen für den Mitarbeiter, andererseits eine Informationsweitergabe an den Mitarbeiter.

Auch die Ergebnisse aus dem Frühlingsgespräch vom Vorjahr werden besprochen. In Bezug auf die Stellenbeschreibung werden folgende Fragen eruiert: Hat sich etwas verändert? Wie geht es dem Mitarbeiter mit den zugeteilten Aufgaben? Die Stellenbeschreibung soll als Ergebnis dieser Auseinandersetzung gegebenenfalls aktualisiert beziehungsweise neu definiert werden.

Auch soll das fachliche und persönliche Profil des Mitarbeiters einem durch den Teamleiter erstellten Idealprofil der

Stelle gegenübergelegt werden, um etwaige Verbesserungspotenziale zu identifizieren und Maßnahmen abzuleiten (Schulungen, intensive Auseinandersetzung mit den Stärken/Schwächen). Mögliche Weiterentwicklungsoptionen finden hier Platz. Der Mitarbeiter bekommt Feedback von seinem Vorgesetzten und kann auch seinem Vorgesetzten Feedback geben.

Wünsche, Anliegen, Beschwerden und alles andere, was dem Mitarbeiter auf dem Herzen liegt, sind ebenfalls Teil des Frühlingsgesprächs. Die Anliegen des Mitarbeiters werden besprochen und vom Teamleiter bewusst wahrgenommen.

Abschließend legen Teamleiter und Mitarbeiter gemeinsam einen Katalog mit Maßnahmen fest, die während des Jahres vom Teamleiter und Mitarbeiter umgesetzt werden sollen und auch Inhalt des nächsten Frühlingsgesprächs sind.

Der Herbstdialog

Der freiwillige Mitarbeiterdialog findet zwischen Oktober und Dezember statt und soll 30 bis 45 Minuten dauern.

Inhalte sind vor allem Vereinbarungen aus dem Frühlingsgespräch, bisherige Erfolge und die Frage, wie gemeinsame Ziele für die Abteilung und den Mitarbeiter selbst umgesetzt werden. Wichtig ist auch, dass das im vorangegangenen Gespräch festgelegte Profil des Mitarbeiters als Grundlage für die Einschätzung der Weiterentwicklung dient. Man kann sehen, wie sich der Mitarbeiter entwickelt, welche Schulungen zum Beispiel bereits absolviert wurden. Mit dem Mitarbeiter werden im Frühlingsgespräch Ziele festgelegt, die anhand von Kenngrößen messbar gemacht werden. In diesem Gespräch sollte es möglich sein, festzustellen, ob der Mitarbeiter die vereinbarten Ziele erreicht hat oder noch erreichen kann bzw. ob sein Weg bisher in die richtige Richtung geht.

Außerdem soll der vereinbarte Maßnahmenkatalog aus dem Frühlingsgespräch herangezogen werden, um gleich wie bei den festgesteckten Zielen für den Mitarbeiter zu sehen, ob und wie er Vereinbarungen umsetzen konnte. Diese Vereinbarungen betreffen auch Schulungs- und Weiterentwicklungspläne. Es soll hier auch gegebenenfalls analysiert werden, warum Maßnahmen noch nicht realisiert wurden und welche Rahmenbedingungen diesbezüglich noch geändert werden müssen.

Alles, was dem Mitarbeiter auf dem Herzen liegt, kann er bei dieser Gelegenheit bei seiner Führungskraft ansprechen. Je nach Anliegen und Umsetzungsmöglichkeit sollen auch hier Maßnahmen zur Änderung, Verbesserung oder Behebung vereinbart werden. Wichtig ist, dass die Führungskraft die Anliegen erneut in den Maßnahmenkatalog aufnimmt, der während des Jahres umgesetzt werden soll.

Der Mitarbeiter hat beim Herbstdialog Gelegenheit, seine Anliegen bezüglich Vergütung einzubringen. Der Teamleiter hat eine klare Leistungsbeurteilung und Zieldefinition vorliegen und kann sich auch dementsprechend auf das Gespräch vorbereiten. Der Mitarbeiter kann diese Unterlagen ebenfalls für seine Argumentation heranziehen.

3.5 CORE smartwork

Die ERM-Lösung von FILL ist weltweit einzigartig. Das
Unternehmen weiß das, weil der Entscheidung, in eine
derartige umfassende Softwarelösung zu investieren, eine
weltweite Marktrecherche vorausging. 2011 war man sich
einig, dass eine Kommunikationsplattform entstehen soll,
die ein elektronisches Infoboard bietet, Social Media Communication zur Community-Bildung bieten soll, Online-
Befragungen erleichtert, Organisations- und Corporate-
Wellness-Werkzeuge anbietet und außerdem das Bewerber-,
Schulungs-, Wissens- und Ideenmanagement erleichtert.
Für die meisten der einzelnen Bausteine gibt es oft zahlreiche Einzellösungen von den verschiedensten Dienstleistern
und Anbietern am Markt. Auch das weiß das Unternehmen,
da es selbst über die Jahre hinweg Einzellösungen sammel-
te – wobei auch diese zumeist maßgeschneidert waren. 2011
fiel dann die Entscheidung zur Entwicklung einer umfassenden eigenen neuen ERM-Lösung basierend auf den
zurückliegenden elf Jahren der Erfahrung, da es am Markt
nichts gab, was dem Lastenheft gerecht werden konnte. Die
Entwicklung der Software wurde von den Bedürfnissen des
Anwenders und der Fachexpertise von Kommunikation,
Organisationsentwicklung und Wertewissenschaft vorangetrieben. Andreas Fill und ich definierten gemeinsam mit
einer Projektleiterin, dem IT-Verantwortlichen und dem
Finanzmanager des Hauses FILL die Anforderungen. Die
Softwareexperten der Firma Catalyst aus Linz in Oberös-
terreich setzten die oft sehr komplexen Anforderungen um.
Oberste Prämisse war immer, dass die Lösung selbsterklä-

rend sein muss und ohne Schulung von jedem Mitarbeiter genutzt werden kann. Technisch sollte die Lösung webbasierend sein, barrierefrei, auf jedem festen oder mobilen Gerät nutzbar, und sie musste den höchsten Sicherheitsstandards, die eine Software heute erfüllen kann, entsprechen. Optisch sollte die Oberfläche natürlich alle Anforderungen einer modernen Usability erfüllen, andererseits „einfach nur schön sein", wie Andreas Fill das beschreibt: „Maria Montessori wusste ja auch, dass Kinder mit schönen Dingen leichter lernen, wieso sollten also Mitarbeiter nicht mit schönen Dingen lieber arbeiten."

Dass dabei der „Standard und Maßstab für modernes Employee Relationship Management" entstanden ist, hat sich im Nachhinein herausgestellt. Diese Bewertung kommt laut Andreas Fill von externen Beobachtern und Experten, die das System evaluiert haben. Er stellt es seit 2014 auch anderen Unternehmen zur Verfügung. Derzeit arbeiten rund 20.000 User mit der ERM-Lösung von FILL. Sie folgt dem CORE Prinzip und ist auch danach benannt: CORE smartwork – eine Software, die auf smarte Weise das CORE Prinzip IT-tauglich macht.

Derzeit bietet die ERM-Lösung nach dem CORE Prinzip Mitarbeitern 18 Bausteine, aufgeteilt nach den vier Säulen Communication, Organisation, Recreation und Expert. Den einzelnen Säulen sind themenspezifische Bausteine zugeordnet, zum Beispiel die Bausteine Community und Dialogue für die Säule Organisation oder die Bausteine Academy und Idea zur Säule Expert. Im Folgenden sollen ausgesuchte Bausteine näher definiert werden.

Info (Communication)

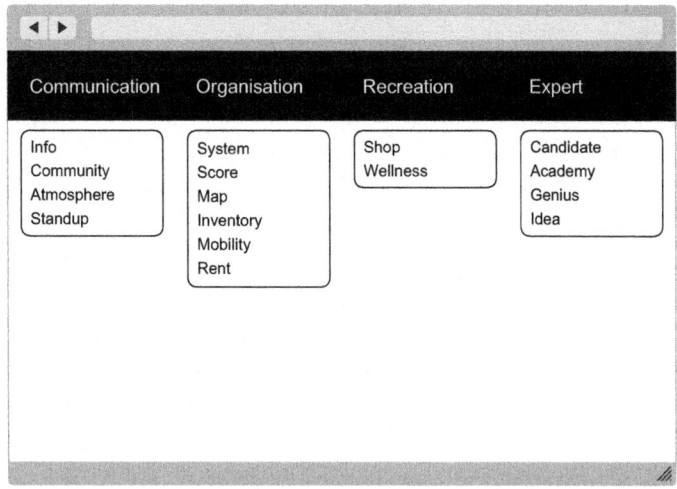

Info erfüllt die Anforderungen eines modernen Intranets. Jeder Mitarbeiter kann jederzeit ganz einfach einen Beitrag mit Anhängen wie etwa Bildern hochladen. Die berechtigten Infomanager aus der Kommunikationsabteilung geben den Beitrag frei, vor allem, um die Rechtschreibung zu sichern. Man kann diesen Beitrag abonnieren, kommentieren oder mit „Gefällt mir" bzw. „Gefällt mir nicht" bewerten. Wenn nicht anders eingestellt (das Löschdatum kann definiert werden), wandert der Beitrag automatisch nach zwei Wochen in ein Archiv.

Community (Communication)

Ähnlich wie bei Info können hier Blogs und Foren erstellt werden. Bei einem Blog berichtet zum Beispiel ein Mitarbeiter von FILL über das Projekt Messeauftritt in Mexiko und ergänzt die Story wie ein Tagebuch (Web-Logbook). Bei einem Forum wird über neue Maschinenbaustandards diskutiert oder man tauscht sich über die besten Kuchenrezepte aus. Auch hier ist die Kommentar- und Bewertungsfunktion vorgesehen, wie man dies von Social-Media-Plattformen kennt. Foren werden auch gerne als Dokumentation und Kommunikationsraum für Projekte genutzt.

Die Sichtbarkeit von Beiträgen bei Info und Community kann auf definierte Benutzergruppen eingeschränkt werden. Die Bewertungsfunktion kann ausgeschaltet werden, wenn man zum Beispiel nicht will, dass Personalnachrichten bewertet werden.

Atmosphere (Communication)

Dieser Bereich ist für Online-Befragungen vorgesehen. Hier sind zahlreiche Befragungsmodelle hinterlegt. Der berechtigte Administrator kann jederzeit in wenigen Minuten Befragungen designen. Sie können je nach Auswahl anonym oder offen durchgeführt werden. So hat FILL zum Beispiel die Entscheidung zum Rauchverbot während der Arbeitszeit genauso hinterfragt (eine große Mehrheit befürwortete die Entscheidung) wie den Bedarf an Kinderbetreuungsplätzen. Feedback zu Seminaren oder zu Firmenveranstaltungen wird darüber ebenfalls eingeholt. Seit 2000 erforscht FILL die Meinung der Mitarbeiter zur

Marke und zum Unternehmen mittels qualitativer Befragungen. Ende 2014/Anfang 2015 erfolgte die Befragung erstmals über die ERM-Plattform CORE. Insgesamt wurden alle Mitarbeiter fünf Mal anonym auf diese Weise umfassend befragt. Die Auswertungen stammen aus den Jahren 2001 (96 Antworten), 2004 (72 Antworten), 2008 (125 Antworten), 2011 (127 Antworten) und 2015 (340 Antworten). Von der letzten zur aktuellen Befragung kamen rund 200 neue Mitarbeiter dazu. 2001 stand man bei rund 200 Mitarbeitern. Das heißt, dass über die Jahre der Anteil der Mitarbeiter, die schriftlich ihre Meinung abgaben, relativ zur Mitarbeiteranzahl sank. Wir wussten, dass die Aufgabe, mit der Hand etwas auszufüllen, laut Aussagen der Mitarbeiter zunehmend eine Hürde darstellt. Die Durchführung der Befragung mit dem ERM-Programm bescherte dem Unternehmen einen Rücklauf von mehr als 50 Prozent.

Werfen wir kurz einen Blick auf die Kernaussagen, die aus allen Antworten abgeleitet werden können:

- Wertschätzung prägt das gute Betriebsklima, das als absolute Basis des Familienunternehmens empfunden wird.
- Das Engagement der Mitarbeiter, die Flexibilität des Unternehmens, das gute Betriebsklima eines Familienbetriebs und die Sozialleistungen werden als besondere Stärken von FILL empfunden.
- Information und Kommunikation mildern die stressigen Auswirkungen des rasanten Wachstums.
- Die interne Kommunikation und Information wird sehr differenziert gesehen. Das ERM-System ist positiv erwähnt.

- Auf den stetigen Erfolg ihrer Firma sind die Mitarbeiter stolz, sie streben mit FILL die Weltmarktführung an.

Einige ausgewählte Antworten sollen hier im Detail präsentiert werden.

Frage: Wenn Du alles bedenkst. Wie ist das Betriebsklima bei FILL?
95 Prozent stellen dem Unternehmen mit der Bewertung sehr gut und gut ein durchweg positives Zeugnis aus.

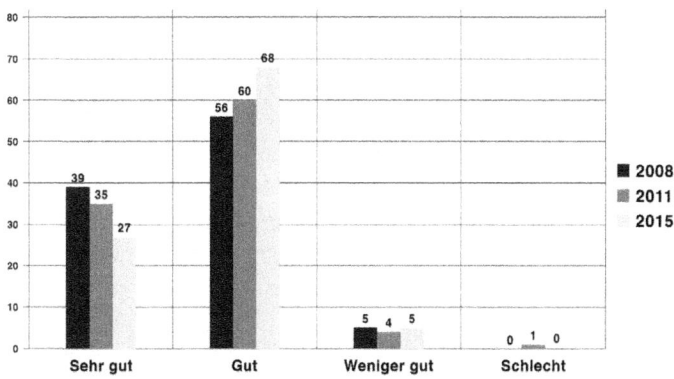

Frage: Wie erfolgt Deiner Meinung nach die Informationsweitergabe im Unternehmen?
Auch hier scored das Unternehmen mit sehr hohen 76 Prozentpunkten.

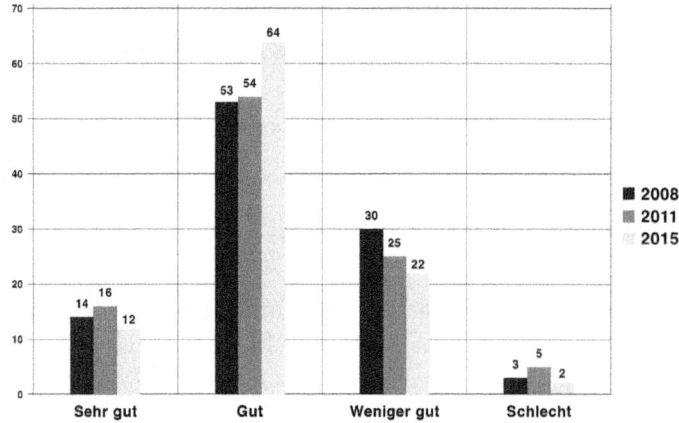

Frage: Wie ist der Informationsgrad der Mitarbeiter im Unternehmen bei Dingen, die nicht direkt die Arbeit betreffen?

82 Prozent der Aussagen empfinden den Informationsgrad als gerade richtig.

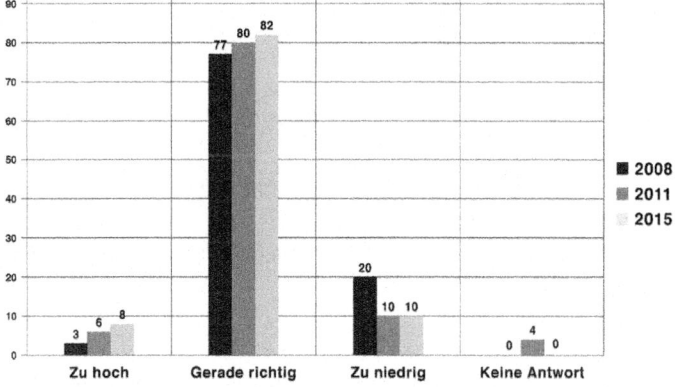

Frage: Wie beurteilst Du Fairness bei FILL ganz allgemein?

Die gezielte Nachfrage nach Unternehmenswerten wurde erst 2008 eingeführt. 60 Prozent empfinden aktuell den Fairnessgrad als sehr gut bis gut.

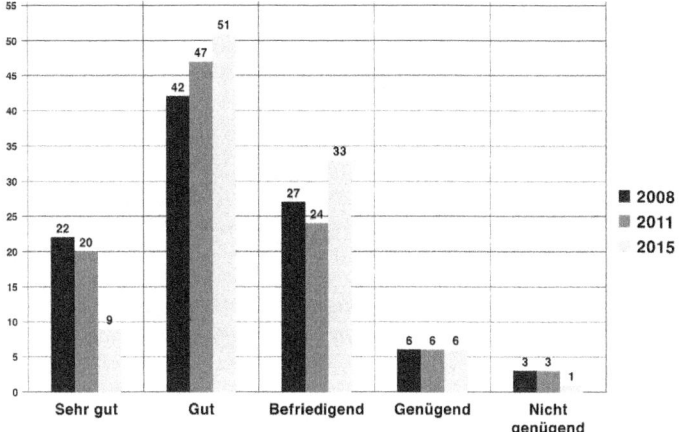

Frage: Wie beurteilst Du Verlässlichkeit bei FILL ganz allgemein?

Hier landen wir bei 82 Prozent positiver Zustimmung.

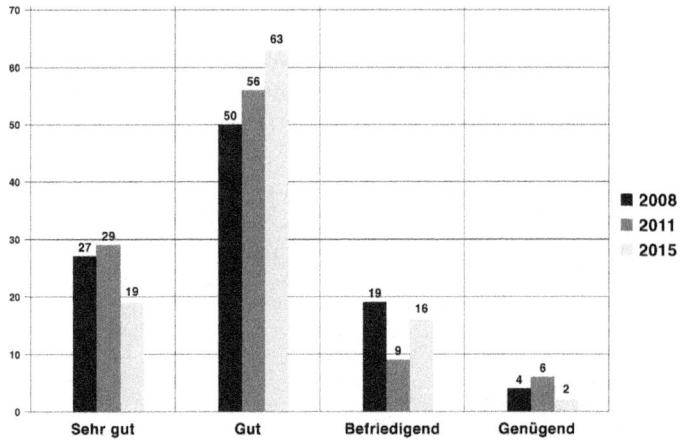

Frage: Wie schätzt Du das Verhältnis zwischen Mitarbeitern und Vorgesetzten ein? Was trifft Deiner Meinung nach eher zu, was eher nicht?

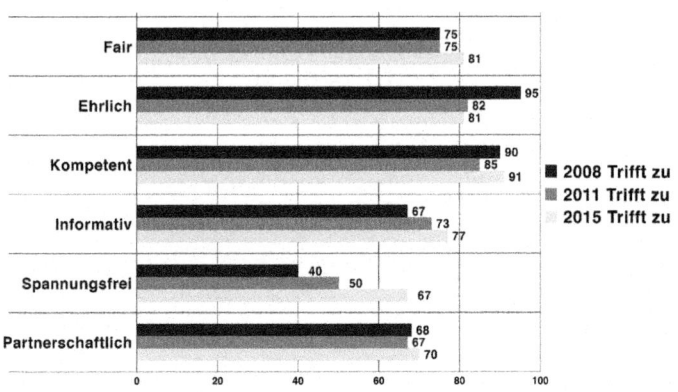

Antworten siehe Grafik (Auszug).

*Frage: Wie beurteilst Du den Umgang der Mitarbeiter unter-
einander? Was trifft Deiner Meinung nach eher zu, was eher
nicht?*

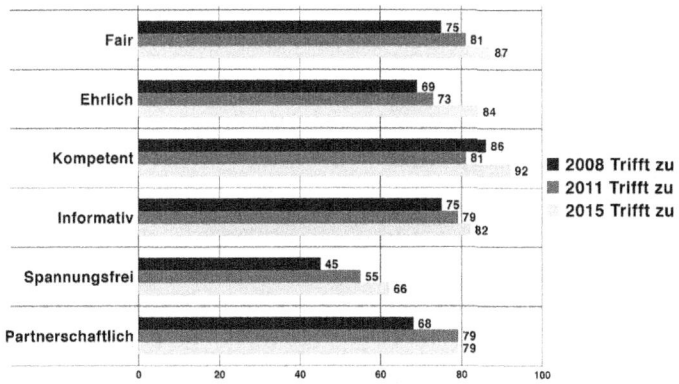

Antworten siehe Grafik (Auszug).

Frage: Wenn Du hier Chef wärst. Was würdest Du verändern?
Hier sind die Auswirkungen des schnellen Wachstums
zu erkennen (Auszug aus der Befragung). Die Mitarbeiter fühlen sich sehr wohl, gut behandelt und informiert.
Der Ruf nach Führung und klaren Organisationsstrukturen wird laut. Das Unternehmen reagiert bereits. Man muss
nichts neu erfinden. Alles ist bestens definiert. Die Ein-
haltung der Regeln und die Ausübung der Führungsarbeit
(Management) werden konsequent eingefordert und mit
Konsequenzen evaluiert.

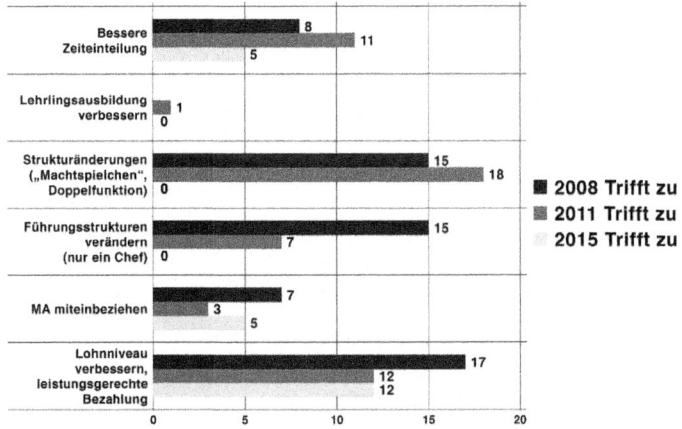

FILL nutzt die Form der Online-Befragung zur Unternehmenssteuerung. Dahinter liegt auch eine klar wirtschaftliche Überlegung. Erfahrungswerte zeigen: Sinkt die Stimmung der Mitarbeiter, so sinkt ein halbes Jahr später das Ergebnis des Unternehmens. Emotion wirkt sich unmittelbar aufs Geschäft aus. Deshalb erhebt FILL viermal jährlich den sogenannten FILL Future Index mit der Überschrift: „Wie zufrieden bist Du?"

Die Umfrage beinhaltet acht kurze Aussagen, die nach Empfinden zu beurteilen sind, und zwei offene Fragen mit Texteingabe zu aktuellen Themen. Jeder Mitarbeiter ist eingeladen, daran teilzunehmen, Kritik zu üben und Ideen einzubringen. Die Teilnahme dauert nur wenige Minuten und ist außerdem anonym. Die Ergebnisse und daraus abgeleiteten Maßnahmen werden am Infoboard, im Newsletter und in der Mitarbeiterzeitung kommuniziert. Hier die kurzen Aussagen, die zu beurteilen sind.

Statische Fragen

Statische Fragen	trifft sehr zu (100%)	trifft zu (75%)	trifft teilweise zu (50%)	trifft wenig zu (25%)	trifft nicht zu (0%)	Ø
1. Mir gefällt meine Arbeit.	55	174	54	9	0	73,5%
2. Meine Leistungen im Unternehmen werden anerkannt.	16	123	105	39	9	58,4%
3. Ich weiß immer was mein Teamleiter von mir erwartet.	22	148	90	26	6	63,2%
4. In meinem Arbeitsumfeld unterstützen wir uns gegenseitig.	100	144	43	5	0	79,0%
5. Bei uns herrscht Klarheit darüber, wer Ansprechpartner/in für die verschiedenen Bereiche ist.	40	119	112	17	4	64,9%
6. Der Informations- und Kommunikationsaustausch im Unternehmen funktioniert gut.	13	94	134	43	8	55,2%
7. Ich erzähle gerne, dass ich bei FILL arbeite.	121	120	45	5	1	80,4%
GESAMT						67,8%

Arbeitsklima

Arbeitsklima	100%	90%	80%	70%	60%	50%	40%	30%	20%	10%	0%	Ø
Wie zufrieden bin ich zurzeit bezogen auf meine Arbeit?	14	65	92	58	22	16	11	7	5	1	1	73,8%

FILL-Future Index

FILL-Future Index	Punkte	%
Statische Fragen - GESAMT	0,68	67,8%
Arbeitsklima	0,74	73,8%
FILL-Future Index	0,71	70,8%

Der Future Index wird seit 2010 IT-gestützt erhoben, seit 2014 mit CORE, das auch unmittelbar nach Befragungsende die Auswertung durchführt. Trotz schnellen Wachstums befindet sich der Index kontinuierlich auf hohem Niveau. Er liegt aktuell weiterhin bei über 70 Prozent.

ZUFRIEDENHEITSINDEX MITARBEITER

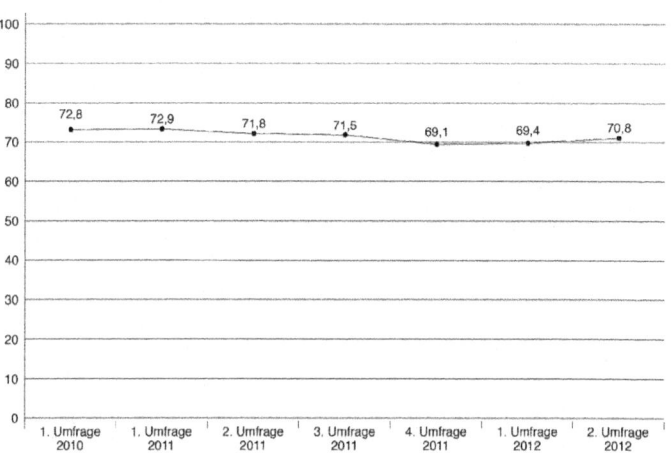

Wenden wir uns nun nach dieser kurzen Veranschaulichung des Bausteins „Atmosphere" wieder der Erläuterung verschiedener CORE-Bausteine zu. Weiter geht es mit „Standup (Communication)".

Standup (Communication)

Dieser einfache, aber informative Baustein stützt zeitgleich die fokussierte Arbeit von Mitarbeitern. Ich selbst schätze dieses Instrument in meinem eigenen Unternehmen sehr.

Sobald meine Mitarbeiter oder ich selbst den Computer hochfahren, beantworten wir folgende Fragen:

- Was habe ich zuletzt gemacht?
- Was habe ich heute vor?
- Gibt es sonstige Anmerkungen (zum Beispiel Ortsangabe)?
- Wann ist mein nächster Arbeitstag?

Wellness (Recreation)

Dieser Baustein sichert die Bereitstellung, Verwaltung und Organisation von betriebsärztlichen Maßnahmen, Fitnesscentern, Massage- und Physiotherapie, Ernährungs- und Gesundheitscoachings sowie Outdoor-Trainings und Indoor-Seminaren. Er bietet immer wieder die Chance zur imagefördernden Kommunikation nach innen und nach außen. Betriebsärztliche Informationen bzw. persönliche Impfpläne (oft sehr hilfreich, wenn Mitarbeiter regelmäßig ins Ausland müssen), Termine für Routineuntersuchungen und ähnliches sind nur für den Arzt oder den jeweiligen Mitarbeiter einsehbar.

Shop (Recreation)

Im Onlineshop des Unternehmens für seine Mitarbeiter stehen Merchandising-Produkte wie Arbeits- und Freizeitbekleidungskollektionen, Gebrauchsartikel für Sport und Alltag zur Verfügung. Die aufwendige Shop-Verwaltung und das komplizierte Bestellen sind auf diese Weise unkompliziert gelöst. Auch die Abwicklung von Unternehmensveranstaltungen wird über diese Funktion unterstützt, da die Tickets für vom Unternehmen organisierte Veranstaltungsbesuche im Shop erhältlich sind. Darüber hinaus können im Shop Gutscheine aus dem Unternehmensmanagement eingelöst werden.

Candidate (Expert)

Dieser Baustein bildet den gesamten Prozess des Bewerbermanagements ab. Der Personalmanager kann direkt aus dem System Stelleninserate generieren, kann intern bei allen Mitarbeitern suchen, hat aber auch die vorgefertigten Mails für den Bewerbungseingang, für die Einladung zum Gespräch, für die Zusage oder eine Absage parat. In den Bewerbungsprozess können die jeweiligen betroffenen Führungspersonen (Entscheider) miteinbezogen werden. Einmal eingetragene Daten können direkt als „Personalakt" aktiviert werden, sollte der Bewerber angenommen werden. Abgelehnte Bewerbungen werden ebenfalls archiviert und können bei neuen Suchen genutzt werden. FILL war 2000 als Arbeitgebermarke unbekannt. Heute kann das Unternehmen auswählen. Die absolute Mehrheit der Jugendlichen, die in der Region einen technischen Ausbildungsplatz suchen, fragen zuerst bei FILL. Die Anzahl der sogenannten Initiativbewerbungen ist um 600 Prozent gestiegen. Das Unternehmen ist heute in der Komfortsituation, gute Kräfte auswählen zu können. Es gibt mittlerweile Mitarbeiter, die aus Ballungszentren wie Linz oder Frankfurt am Main mit Kind und Kegel ins Innviertel siedeln, um bei FILL arbeiten zu können.

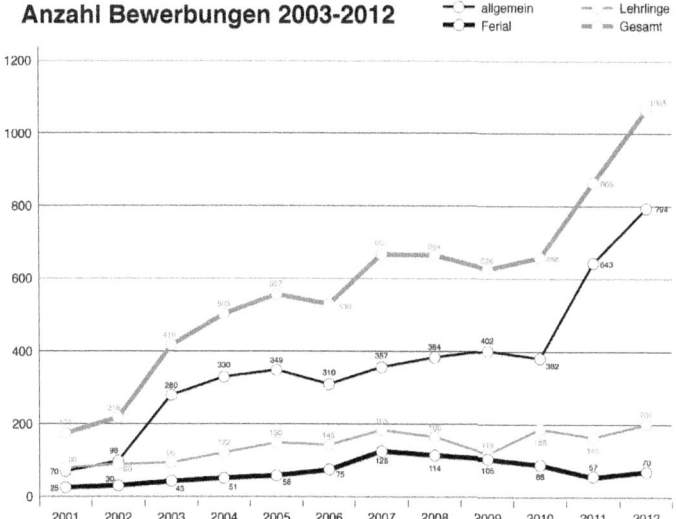

Anzahl Bewerbungen 2003-2012

Genius (Expert)

Dieser Baustein stützt das Wissensmanagement bei FILL. Das Wissensmanagement wird hier personengebunden verstanden. Ziel ist es, dass Menschen, die eine Frage haben, diese an die kompetenteste Person im Unternehmen richten können. Die Fragen, die man an jemanden stellt, aber auch die Fragen an einen selbst zu den Themenbereichen, für die man als Experte ausgewiesen ist, sind dokumentiert. Der Baustein verfügt über eine intelligente Suchfunktion. Wissensträger werden von den Mitarbeitern bewertet und damit gerankt.

Idea (Expert)

Dieser ERM-Baustein bei FILL stützt seit Herbst 2014 den gesamten Prozess des Ideenmanagements. Nutzen wir diesen Baustein, um nochmals den Grundgedanken der ganzheitlichen ERM-Lösung, die FILL angestrebt und umgesetzt hat, sichtbar zu machen. Neue Ideen sind ein wichtiger Beitrag zur Zukunftssicherung eines Unternehmens. Kreativität, Kommunikation und Konsequenz im Prozess sind bei FILL die definierten Erfolgsfaktoren dafür. Ideenmanagement funktioniert nur mit einer entsprechenden Unternehmenskultur. Der klar definierte Prozess ist das eine. Die Information und Kommunikation dazu das andere. Das Ideenmanagement wird über alle persönlichen, schriftlichen und digitalen Kommunikationskanäle täglich vorangetrieben. Es gibt auch ein gedrucktes Handbuch dazu, den „Ideenfinder". Der Ideenfinder hält alle Informationen rund ums Ideenmanagement und den Innovationsprozess bereit. Es geht dabei um die Motivation zum Mitmachen, um die Frage der Einreichung des Vorschlags, die Definition der Ansprechpartner (es gibt eigene Ideenmanager), der Erklärung, was mit der Idee passiert, Hinweise zum Belohnungssystem und entsprechende Formulare. Ideen können also immer noch schriftlich eingebracht werden. Im Alltag kommen sie mehrheitlich online über das ERM-System. Der Ideenmanager bereitet den Steckbrief einer Idee auf. In vier Meetings wählt das Ideenteam mit Stellvertretern aus den verschiedenen Unternehmensbereichen, jeweils die Top-3-Ideen aus. Diese werden vertieft und umfassend aufbereitet und gelangen so in einen Innovationsworkshop. Darin werden Konzepte oder Projekte umsetzungsreif aufbereitet und zur Entscheidung an die Geschäftsführung herangetragen. Die Einführung des ERM-gestützten Prozesses im Oktober 2014 hat einen Anstieg von rund 50 Prozent bei den eingereichten Ideen verursacht.

FILL hat keinen eigenen Mitarbeiter zur Pflege seines ERM-Systems abgestellt. Bei der Ideenfülle von FILL ist anzunehmen, dass auch Ideen für neue Bausteine der ERM-Lösung CORE auftauchen werden. Bereits jetzt hat eines der drei führenden Beratungsunternehmen weltweit die ERM-Lösung von FILL nach einem Jahr Prüfung als das mächtigste Tool in diesem Bereich bewertet. Um ähnliche Funktionen mit anderen Lösungen sicherstellen zu können, bräuchte man derzeit etwa zwölf verschiedene IT-Dienstleister. „Was SAP als ERP-Tool für die Maschinen ist, kann dieses ERM-Werkzeug nach dem CORE Prinzip für die Menschen sein. Das ist heute mehr denn je die wichtigste unternehmerische Investition", sagt Andreas Fill und begründet damit auch sofort sein Engagement. Er zeigt auch gerne nachstehende Grafik zur Entwicklung seines Unternehmens in den letzten zehn Jahren.

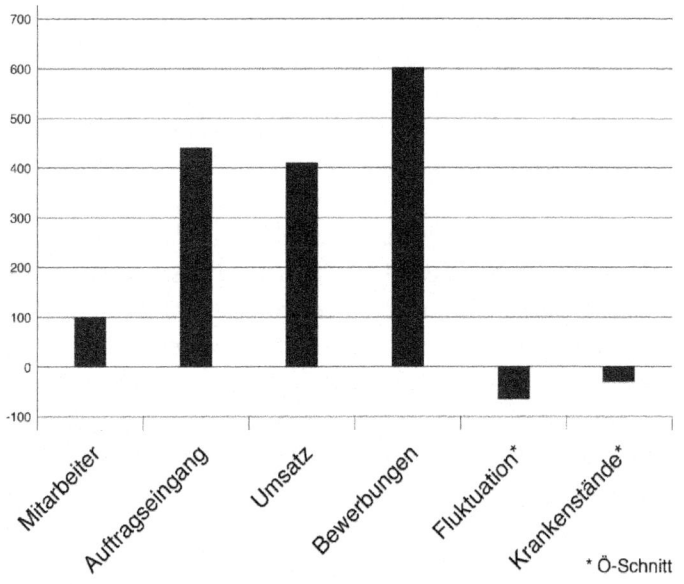

* Ö-Schnitt

3.6   Conclusio

Am 25. September 2013 stellte Andreas Fill bei einer Prä-
sentation in Gurten fest: „Fachkräftemangel betrifft jedes
Unternehmen unterschiedlich. FILL war Anfang 2000 als
Arbeitgebermarke nicht bekannt. Die demografische Veränderung verschärft die Situation. Die Region Innviertel
ist derzeit eine Abwanderungsregion. Der Wettbewerb
am Arbeitgebermarkt verstärkt sich. Social Media machen Unternehmen als Arbeitgeber sichtbar und bewertbar.
Die Wirtschaftslage fordert Flexibilität. Flexibilität fordert Loyalität. Deshalb beschäftige ich mich seit 2000 mit
diesem Thema und sehe es als meine persönliche zentrale

unternehmerische Aufgabe. Das Feedback von Mitarbeitern und Kunden bestätigt diesen Weg. Wettbewerbsvorteile durch positives Mitarbeiterbeziehungsmanagement lassen sich nur schwer anhand einer einzigen Zahl ableiten. Viele größere und kleinere Puzzle(vor)teile ergeben ein Bild des Unternehmenserfolgs. Arbeitgebermarkenbildung ist keine einmalige Marketing- und PR-Aktion, die kurzfristigen Erfolg bringt, sondern jenes Werkzeug, das erst bei kontinuierlicher und durchgängiger Nutzung auf Dauer den Erfolg sichert. So wie Human Resources an sich immer mehr an strategischer Bedeutung gewinnt, gewinnt ERM an Bedeutung, wenn es um den Wettbewerb um die besten Mitarbeiter geht. Unternehmen, die auf Dauer erfolgreich sein wollen, arbeiten nach dem CORE Prinzip! Für die Unternehmer heißt das:

- Ein klares und eindeutiges Versprechen abgeben – Communication.
- Die geweckten Erwartungen erfüllen, das Versprechen halten – Organisation.
- Sich um die Gesundheit und das Wohlbefinden der Mitarbeiter kümmern – Recreation.
- Professionalität und Perspektiven zur persönlichen Weiterentwicklung bieten – Expert."

Wer also im Einsatz um die besten Arbeitskräfte gewinnen will, muss sich um den Aufbau und die Pflege einer starken Arbeitgebermarke kümmern. Diese im Alltag vor allem unternehmensintern zu pflegen ist die große Herausforderung. Employee Relationship Management hilft.

ERM ist das strategisch geplante IT-gestützte Management von internen Support-Prozessen organisatorischer Entitäten zur Vernetzung von Mitarbeitern untereinander und zur Förderung eines sinnorientierten Arbeitsbewusstseins. ERM heißt: Vernetze Mitarbeiter! Stifte Sinn!

Wie geht das? Mit Kultur und Struktur. Beides liefert das CORE Prinzip.

- Das CORE Prinzip ist ein ganzheitlicher und nachhaltiger Ansatz zur Strukturierung und Vernetzung interner Supportprozesse organisatorischer Entitäten in den Bereichen Communication, Organisation, Recreation und Expert als Basis für ein modernes Employee Relationship Management.
- ERM nach dem CORE Prinzip verknüpft Kultur und Struktur. Wer das CORE Prinzip für seine ERM-Lösung anwendet, steigert die Erfolgschancen für seine Arbeitgebermarke.
- ERM nach dem CORE Prinzip ist der Ansatz für ein neues zukunftsorientiertes Berufsbild. Wer das CORE Prinzip als Wegweiser für seine Qualifizierung nutzt, hat größte Chancen in einem aufstrebenden neuen Berufsfeld.
- ERM nach dem CORE Prinzip hilft High Potentials bei der Entscheidung für attraktive Arbeitgeber. Wer das CORE Prinzip als Checkliste zur Auswahl von Arbeitgebern nutzt, hat größte Chancen auf viel Freude im Berufsalltag.

Wer cored, scored!

Ihr Bonus als Käufer dieses Buches

Als Käufer dieses Buches können Sie kostenlos das eBook zum Buch nutzen.
Sie können es dauerhaft in Ihrem persönlichen, digitalen Bücherregal
auf **springer.com** speichern oder auf Ihren PC/Tablet/eReader downloaden.

Gehen Sie bitte wie folgt vor:

1. Gehen Sie zu **springer.com/shop** und suchen Sie das vorliegende Buch
   (am schnellsten über die Eingabe der eISBN).
2. Legen Sie es in den Warenkorb und klicken Sie dann auf:
   zum Einkaufswagen/zur Kasse.
3. Geben Sie den untenstehenden Coupon ein. In der Bestellübersicht wird
   damit das eBook mit 0 Euro ausgewiesen, ist also kostenlos für Sie.
4. Gehen Sie weiter **zur Kasse** und schließen den Vorgang ab.
5. Sie können das eBook nun downloaden und auf einem Gerät Ihrer Wahl lesen.
   Das eBook bleibt dauerhaft in Ihrem digitalen Bücherregal gespeichert.

EBOOK INSIDE

Ihr persönlicher Coupon

DctCTgSwqMnYQD6

Sollte der Coupon fehlen oder nicht funktionieren, senden Sie uns bitte
eine E-Mail mit dem Betreff: eBook inside an customerservice@springer.com.

Printed by Printforce, the Netherlands